专项职业能力教材

茶 品 推 介

朱海燕 肖 蕾 周 宣 主编

電子工業出版社·
Publishing House of Electronics Industry
北京·BEIJING

内 容 简 介

茶品推介不仅是茶产业流通服务领域的重要职业技能，同时还承担着弘扬科学饮茶和传播茶文化的社会责任，是目前行业现状下急需培养的专项职业能力。

本书针对茶品推介职业能力要求，将"沏茶艺术＋评茶技能＋茶品销售"知识融会贯通，以通俗易懂的语言、图文并茂的形式，分基础篇、推介篇、技巧篇三个模块进行系统阐述。基础篇包括职业认知、茶品分类、评茶基础、茶业概况、科学饮茶五个项目，深入浅出地介绍该职业能力所应掌握的理论知识。推介篇采取"理论"与"实践"并重的方式，让学习者学会绿茶、红茶、黑茶、青茶（乌龙茶）、白茶、黄茶及其他茶类的推介方法与技巧。技巧篇则以案例分析结合情境模拟的方式，阐述礼仪规范、销售话术、成交技巧、客情维护等销售技巧，让学习者做到"知行合一"，达到茶品推介职业能力的要求。

本书可作为茶品推介专项职业能力培训教材，也是广大消费者了解茶文化与科学知识的科普读物。

图书在版编目（CIP）数据

茶品推介 / 朱海燕，肖蕾，周宣主编 . —北京：电子工业出版社，2021.9
ISBN 978-7-121-41909-6

Ⅰ.①茶…　Ⅱ.①朱…②肖…③周…　Ⅲ.①茶艺－中等专业学校－教材　Ⅳ.①TS971.21

中国版本图书馆 CIP 数据核字（2021）第 179463 号

责任编辑： 陈　虹
文字编辑： 程超群
印　　刷： 北京市大天乐投资管理有限公司
装　　订： 北京市大天乐投资管理有限公司
出版发行： 电子工业出版社
　　　　　 北京市海淀区万寿路 173 信箱　邮编 100036
开　　本： 787×1 092　1/16　印张：10.75　字数：240 千字
版　　次： 2021 年 9 月第 1 版
印　　次： 2021 年 9 月第 2 次印刷
定　　价： 48.00 元

出版说明

  人力资源是国家发展、民族振兴重要的战略资源，是国家经济社会发展的第一资源，是促进生产力发展和体现综合国力的第一要素。加强人力资源开发工作和人才队伍建设是加快我国现代化建设进程中事关全局的大事，始终是一个基础性、全面性、决定性的战略问题。坚持人才优先发展，加快建设人才强国，对于全面实现小康社会目标、建设富强民主文明和谐的社会主义现代化国家具有决定性意义。党和国家历来高度重视人力资源开发工作，改革开放以来，尤其是进入新世纪新阶段，党中央国务院做出了实施人才强国战略的重大决策，提出了一系列加强人力资源开发的政策措施，培养造就了各个领域的大批人才。但当前我国人才发展的总体水平同世界先进国家相比仍存在较大差距，与我国经济社会发展需要还有诸多不适应之处。根据《国务院办公厅关于印发职业技能提升行动方案（2019-2021年）的通知》（国办发〔2019〕24号）、《国务院关于推行终身职业技能培训制度的意见》（国发〔2018〕11号）文件精神，建立技能人才多元评价机制，完善职业资格评价、职业技能等级认定、专项职业能力考核等多元化评价方式，是当前深化职业技能培训机制改革的重要工作之一。

  专项职业能力是指国家职业技能标准的最小的、可就业的、具有一定技术含量的职业技能单元。专项职业能力考核是全面贯彻落实科学发展观，大力实施人才强国战略的重要举措，有利于促进劳动力市场建设和发展，关系到广大劳动者的切身利益，对于企业发展和社会经济进步，以及全面提高劳动者素质和职工队伍的创新能力具有重要作用。专项职业能力考核也是当前我国经济社会发展，特别是就业、再就业工作的迫切要求。

  专项职业能力教材严格按照专项职业能力考核规范及考核细目进行编写，教材内容反映了专项职业能力所需要的核心知识与技能，较好地体现了适用性、先进性与前瞻性。专项职业能力题库的建立，对于保证专项能力考核工作的质量起着重要作用，是加快培养一大批数量充足、结构合理、素质优良的技术技能型、复合技能型和知识技能型高技能人才，为各行各业造就出千万能工巧匠的重要具体措施。湖南省人力资源和社会保障厅职业技能鉴定中心（湖南省职业技术培训研究室）组织开发了新的题库，并对题库进行审核。同时组织相关行业的专家参与教材的编审工作，保证了教材内容的科学性与考核细目、题库的紧密衔接。

专项职业能力教材突出了适应职业技术教育的特色，读者通过学习，不仅有助于通过考核，而且能有针对性地进行系统学习，真正掌握专项职业能力的核心技术与操作技能。本套教材与专项职业能力考核规范、题库配套。在本套教材的编写过程中，贯彻了"围绕考点、服务考试"的原则，把编写重点放在以下几个主要方面：

第一，内容上涵盖了考核规范对该职业的技能要求，确保达到技能人才的培养目标。

第二，突出考前辅导特色，以专项职业能力考点作为本套教材的编写重点，紧紧围绕专项职业能力考核的内容，充分体现系统性和实用性。

第三，坚持"新内容"为编写侧重点，无论是内容上还是形式上都力求有所创新，使本套教材更贴近专项职业能力考核，更好地服务于专项职业能力考核工作。

组织开发高质量的专项职业能力培训教材，加强专项职业能力培训教材建设，为技能人才培养提供技术和智力支持，对于提高技能人才培养质量，推动职业教育培训科学发展非常重要。我们要适应新形势、新任务的要求，针对专项职业能力考核工作的实际需要，统一规划、总结经验、加以完善，努力把专项职业能力考核教材建设工作做好，为提高劳动者素质、促进就业和经济社会发展做出积极贡献。

湖南省人力资源和社会保障厅职业技能鉴定中心

湖南省职业技术培训研究室

前 言

本套教材的编写符合职业院校学生和广大劳动者的认知与技能学习规律，职业教育特色鲜明，在保证知识体系完备、脉络清晰、论述精准深刻的同时，注重培养读者的实际动手能力和企业岗位技能应用能力，并结合大量的典型任务和项目，使读者能够更进一步灵活掌握及应用相关技能。

为满足茶品推介专项职业能力考核需要，更好地服务于茶品推介专项职业能力证书制度的推行工作，湖南省人力资源和社会保障厅职业技能鉴定中心（湖南省职业技术培训研究室）组织专家成立了茶品推介专项职业能力题库开发小组，对茶品推介考核规范进行了深入研究，撰写了《茶品推介》一书，并通过了湖南省人力资源和社会保障厅职业技能鉴定中心（湖南省职业技术培训研究室）的审定。

一、编写背景

为贯彻落实《国务院办公厅关于印发职业技能提升行动方案（2019—2021年）的通知》（国办发〔2019〕24号）、《国务院关于推行终身职业技能培训制度的意见》（国发〔2018〕11号）文件精神，建立技能人才多元评价机制，湖南省人力资源和社会保障厅组织专家开发了"专项职业能力教材"系列教材。本书为茶文化领域专项职业能力教材之一——《茶品推介》。茶品推介是从事茶行业服务企业员工的主要日常工作。目前茶品推介从业人员在专业性、规范性、效率等方面存在不足，本书旨在为在岗、新进人员，以及拟从事该岗位工作的人员提供快速、简洁、规范的知识技能学习方法。

二、编写思路

本书遵照人力资源和社会保障部专项职业能力开发要求——职业岗位技能最小单元化，紧密围绕茶品推介岗位，面向初中文化水平及以上人员进行编写，力争使参加该专项能力学习的人员实现"零距离"上岗、稳岗，就业后能获得一定收入，并有信心在岗位中继续学习更多的技能。在内容安排上，先介绍基础理论知识，再按不同茶类，从茶品概述、品质特征、名茶鉴赏、茶与健康、推介执行等进行阐述。全书图文并茂、通俗易懂，并设置情境模拟实践技能训练，还配有视频素材，示范讲解茶品推介操作方法与技能，使学员能够通过学习与训练，掌握茶品推介专项技能。

三、本书特点

（一）实用性。学习任务来源于真实岗位技能，帮助提高茶品推介综合技能，针对性强，普适性强。

（二）发展性。学习完本课程，学员既可将推介技能拓展到茶叶销售工作中，也能帮助茶业从业人员更加深入地学习相关知识。

（三）综合性。本书有利于培养个人良好的仪态举止与规范茶叶冲泡技能，使学员能够运用所学的相关茶事礼仪、茶叶冲泡、茶品营销话术、客情维护知识，解决茶品推介中遇到的相关问题。

（四）开放性。本书构建了"线上＋线下""理论＋实践"的多样化学习方式和训练方法，学员可灵活选择。

（五）评价性。通过本书的学习，使学员熟练掌握茶叶品评、茶叶冲泡、客户沟通等多项技能，以胜任茶品推介等岗位工作。

四、编写分工

本书由湖南农业大学朱海燕教授、湖南省茶叶研究所肖蕾副研究员、湖南艺芳轩文化传播有限责任公司周宣高级技师担任主编，竹淇茶馆段炼、湖南臻海园茶会馆熊光明、湖南臻诚尚育教育科技有限公司覃丽担任副主编，刘巧玲、费瑶、邓景骞、李照莹、杨静、易俊勇、洪先娥、严晓、钟灿、李杰、刘璐、聂艳红、熊震坤参与编写。

本书的编写工作得到了湖南省人力资源和社会保障厅职业技能鉴定中心（湖南省职业技术培训研究室）相关领导的大力支持和指导，在此表示感谢！

教材编写是一项探索性工作，由于编者水平有限，加之时间紧迫，书中难免存在疏漏之处，敬请各使用单位及广大读者批评指正！

编　者

目　录

模块一　基础篇

项目一　职业认知　/ 2

项目二　茶品分类　/ 9

项目三　评茶基础　/ 19

项目四　茶业概况　/ 32

项目五　科学饮茶　/ 39

模块二　推介篇

项目一　绿茶推介　/ 51

项目二　红茶推介　/ 66

项目三　黑茶推介　/ 76

项目四　青茶推介　/ 85

项目五　白茶推介　/ 95

项目六　黄茶推介　/ 105

项目七　其他茶类及代饮茶的推介　/ 115

模块三　技巧篇

项目一　礼仪规范　/ 126

项目二　销售话术　/ 138

项目三　成交技巧　/ 147

项目四　客情维护　/ 154

参考文献　/ 161

模块一
基础篇

项目一　职业认知

项目二　茶品分类

项目三　评茶基础

项目四　茶业概况

项目五　科学饮茶

项目一 职业认知

知识准备

一、茶品推介定义

按市场学观点解释，茶叶是一种能满足购买者品饮需求的产品。而顾客眼中的茶与销售者眼中只注意产品本身的实体的看法是有区别的。顾客认为，产品除了实体外，还包括包装、商标、信誉及产品可能带来的其他的有形与无形的利益。所以，茶品推介人员应该能因人而异地向顾客推荐最需要、最喜欢的茶产品。

1."茶品推介"专项职业能力的含义

"茶品推介"是立足于茶叶产品流通层面，面向广大消费者进行实际推广、宣传，最终实现产品销售转化的一系列方法的总称。

商品的价值释放在于成交使用。作为促进茶叶销售的助推器，"茶品推介"无疑是茶产业流通服务领域的重要职业技能，也是目前行业现状下亟待培养的专项职业能力。

2."茶品推介"专项职业能力的内容

茶叶商品的营销具有特殊性。不同于常规快消品，茶叶推介需要具备专业知识，存在一定的品鉴门槛与认知高度，熟悉并准确提炼出产品特点是茶品销售的"第一道关卡"。因此，茶叶营销人员必须具备茶品鉴赏的基础能力，再通过适合的策略方式与恰当的语言表达，将好的产品形象传递给消费者，以撬动消费对象的购买需求，实施购买行动。此外，还要及时跟进维护消费客户，建立有温度、有情感的客情关系，将个人与产品深度绑定，形成信任名片，促进消费复购的闭环形成。因此，一名合格的"茶品推介"人员应掌握茶品分类知识、健康饮茶常识、茶产业概况、茶叶冲泡技巧等茶学专业知识与技能，还应具备熟练运用销售礼仪、营销话术、沟通交流技巧、客情维护等销售服务能力。

3. "茶品推介"的常见方式

（1）店面推介

店面推介即在有茶叶陈列（见图1-1）、布有茶台的茶叶专卖店、专柜，进行茶叶、茶水销售的场所，与顾客面对面进行产品介绍与说明的方式（见图1-2）。其特点是顾客对产品了解直接而全面，且可以通过品饮体验来对茶产品进行比较，成功率较高。与此同时，对推介人员的语言表达、专业知识、泡茶水平等综合素质要求高。一般来说，顾客第一次对某茶产品产生兴趣时，多数情况下需经过体验式消费。本书主要是针对店面推介人员的能力提升进行阐述的。

（2）网店推介

网店推介即通过天猫、淘宝、微店等网店进行产品推介，与顾客进行在线互动，最后达成销售的方式。与店面推介相比，网店推介打破了时间与空间的限制，消费者可以在短时间内对比同类产品的"性价比"，主要是通过视觉、听觉获取产品信息，因此，推介时更注重通过照片、文字、短视频来激发消费者的购买欲。一般而言，网店推介需要3～5人的小团队来完成。

图1-1 茶叶柜陈列

图1-2 品饮体验

（3）直播推介

这是近年来兴起的推介方式，即通过直播平台向消费者进行茶产品的推介（见图1-3和图1-4），其特点是直观、及时，且互动性强，观众可边看边下单。直播推介讲究"人、货、场"三要素，有别于线下实体，实现了从"人找货"到"货找人"的转变，使供给侧与需求侧的连接更紧密、更快捷，互动性更强，这就要求直播推介员在专业知识储备、沟通谈吐上有较高的水准。直播推介需要运营、场控、主播、直播助理、中控、上货、后期等人员共同完成。

图1-3　茶原产地直播　　　　　　　图1-4　直播介绍茶产品

二、职业道德

道德是人生观和价值观的具体体现。不同时代的不同职业都有其特殊的行为规范。茶品推介人员的职业道德是社会主义道德基本原则在茶品推介服务中的具体体现，是评价茶品推介从业人员职业行为的总准则。其作用是调整好茶品推介人员与客人之间的关系，树立热情友好、信誉第一、忠于职守、文明礼貌、一切为客人着想的服务思想和工作作风。

1. 职业道德基本知识

所谓职业道德，就是从事一定职业的人们在工作和劳动过程中所应遵循的与其职业活动紧密联系的道德原则和规范的总和。职业道德是社会道德的重要组成部分，它作为一种社会规范，具有具体、明确、针对性强等特点。和一般道德一样，职业道德也是社会物质生活的产物。当社会出现职业分工时，职业道德也就开始萌芽了。人们在长期的职业实践中，逐步形成了职业观念、职业良心和职业自豪感等职业道德品质。

2. 遵守职业道德的必要性和作用

（1）遵守职业道德有利于提高茶品推介人员的道德素质和修养

具备良好的职业道德素质和修养能够激发茶品推介从业人员的工作热情和责任感，使从业人员努力钻研业务、热情待客、提高服务质量，即人们常说的"茶品即人品，人品即茶品"。

（2）遵守职业道德有利于塑造茶品推介职业的整体道德风尚

茶品推介作为一种新兴的职业能力，要树立从业者良好的职业道德风尚，必须依靠加强从业人员的职业道德教育，使全体从业人员遵守职业道德来逐步形成。反之，如果从业人员不遵守职业道德，就会带来对茶品推介从业人员整体形象的不利影响。

3. 职业道德的基本准则

茶品推介人员的职业道德不仅包括具体的职业道德要求，而且还包括反映职业道德本质特征的道德原则。只有在正确地理解和把握职业道德原则的前提下，才能加深对具体的职业道德要求的理解，才能自觉地按照职业道德的具体要求去开展工作。

（1）职业道德原则是职业道德最根本的规范

原则，就是人们活动的根本准则；规范，就是人们言论、行动的标准。在职业道德体系中，包含着一系列职业道德规范，而职业道德的原则，就是这一系列道德规范中所体现出的最根本的、最具代表性的道德准则，它是茶品推介人员在开展工作时应该遵守的最根本的行为准则，是指导整个茶品推介职业能力的总方针。

职业道德原则不仅是茶品推介人员工作的根本指导原则，而且是对每个茶品推介人员的职业行为进行职业道德评价的基本标准。同时，职业道德原则也是茶品推介人员在工作动机上的体现。如果一个人从保证茶品推介全局利益出发，而另一个人从保证自己的利益出发，那么虽然二人同样遵守了规章制度，但是贯穿于他们行动之中的动机即道德原则不同，他们所体现的道德价值也是不一样的。

（2）热爱茶品推介本职工作是职业道德的基本要求

热爱本职工作，是一切职业道德最基本的要求。热爱茶品推介工作作为一项道德原则，首先是一个道德认识问题。如果对茶品推介工作的性质、任务以及它的社会作用和道德价值等毫无了解，那就不是真正热爱这项工作。

茶品推介工作不仅是推销茶产品，而且还承担传播科学饮茶和宣扬茶文化的重任。茶是和平的象征，通过各种茶事活动可以增进各国人民之间的相互了解和友谊。

茶品推介工作的道德价值表现为：人们在选茶、购茶和品茶过程中得到了茶品推介人员所提供的各种服务，不仅品了香茗，而且增长了茶知识，开阔了视野，陶冶了情操，净化了心灵，更看到了中华民族悠久的历史和灿烂的茶文化。另外，茶品推介人员在茶艺服务过程中处处为品茶的来宾着想，尊重他们，关心他们，做到主动、热情、耐心、周到，而且诚实守信、一视同仁、不乱收费，充分体现了新时代人与人之间的新型关系。对于茶品推介人员来说，只有真正了解和体会到这些，才能从内心激起热爱本职工作的道德情感。

不断改善服务态度，进一步提高服务质量，是茶行业职业道德的基本原则。尽心尽力为前来选购茶产品的来宾服务，不只是道德意识问题，更重要的是道德行为问题，也就是说必须落实到服务态度和服务质量上。所谓服务态度，是指茶品推介人员在接待品茶对象时所持的态度，一般包括心理状态、面部表情、形体动作、语言表达和服饰打扮等。所谓服务质量，是指茶品推介人员在为品茶对象提供服务的过程中所应达到的要求，一般应包括服务的准备工作、品茗环境的布置、操作的技巧和工作效率等。

在茶品推介服务中，服务态度和服务质量具有特别重要的意义。首先，茶品推介服务是一种"面对面"的服务，茶品推介人员与品茶对象间的感情交流和相互反应非常直接。其次，茶品推介服务的对象多数是追求较高生活质量的人，他们在物质享受和精神享受上不但比一般服务业的宾客要高，而且也超出他们自己日常生活的要求，所以特别需要人格的尊重和生活方面的关心、照料。再次，从茶品推介职业的进一步发展来看，也要重视服务态度的改善和服务质量的提高，使茶品推介人员不断增强自制力和职业敏感性，形成高尚的职业风格和良好的职业习惯。

三、职业守则

职业守则，是职业道德的基本要求在茶品推介服务活动中的具体体现，也是职业道德基本原则的具体化和补充。因此，它既是每个茶品推介人员在茶艺服务活动中必须遵循的行为规范，又是人们评判每个茶品推介人员职业道德行为的标准。

1. 热爱专业，忠于职守

热爱专业是职业守则的首要一条，只有对本职工作充满热爱，才能积极、主动、创造性地去开展工作。茶品推介是茶叶经济活动的一个组成部分，做好茶艺工作，对促进茶文化的发展、市场的繁荣，以及满足消费，促进社会物质文明和精神文明的发展，加强与世界各国人民的友谊等方面，都有重要的现实意义。因此，茶品推介人员要认识到本职工作的价值，热爱本职工作，了解本职业的岗位职责、要求，以高水平完成茶品推介服务任务。

2. 遵纪守法，文明经营

茶品推介工作有其职业纪律要求。所谓职业纪律，是指茶品推介人员在茶艺服务活动中必须遵守的行为准则，它是正常进行茶品推介服务活动和履行职业守则的保证。

职业纪律包括在劳动、组织、财物等方面提出的要求。所以，茶品推介人员在服务过程中要有服从意识，听从指挥和安排，使工作处于有序状态，并严格执行各项制度，如考勤制度、安全制度等，以确保工作成效。茶品推介人员每天都会与钱物打交道，因此要做到不侵占公物、公款，爱惜公共财物，维护集体利益。

此外，满足服务对象的需求是茶品推介工作的最终目的。因此，茶品推介人员要在维护客人利益的基础上方便宾客、服务宾客，为宾客排忧解难，做到文明经营。

3. 礼貌待客，热情服务

礼貌待客、热情服务是茶品推介工作最重要的业务要求和行为规范之一，也是茶品推介人员职业道德的基本要求之一。它体现出茶品推介人员对工作的积极态度和对他人的尊重，这也是做好茶品推介工作的基本条件。

4. 文明用语，和气待客

文明用语是茶品推介人员在接待宾客时需使用的一种礼貌语言。它是茶品推介人员用来与品茶客人进行交流的重要交际工具，同时又具有体现礼貌和提供服务的双重特性。

文明用语是通过外在形式表现出来的，如说话的语气、表情、声调等。因此，茶品推介人员在与品茶的客人交流时要语气平和，态度和蔼、热情友好，这一方面是来自茶品推介人员内在的素质和敬业的精神，另一方面也要在长期的工作中不断训练自己。运用好语言这门艺术，正确表述茶品推介人员的思想，会更好地感染宾客，从而提高服务质量和效果。

5. 整洁的仪容、仪表，端庄的仪态

在与人交往的过程中，仪容、仪表常常是"第一印象"。待人接物，一举一动都会产生不同的效果。对于茶品推介人员来说，整洁的仪容、仪表和端庄的仪态，不仅是个人修养问题，也是服务态度和服务质量的一部分，更是职业道德规范的重要内容和要求。茶品推介人员在工作中精神饱满、全神贯注，

会给品茶的客人以认真负责、可以信赖的感觉，而整洁的仪容、仪表和端庄的仪态则会体现出对宾客的尊重和对本行业的热爱，给人留下一个美好的印象。

6. 尽心尽职，态度热情

茶品推介人员尽心尽职就是要在服务中充分发挥主观能动性，用自己最大的努力尽到自己的职业责任，处处为客人着想，使他们体验到标准化、程序化、制度化和规范化的茶品推介服务。同时，茶品推介人员要在实际工作中倾注极大的热情，耐心周到地把现代社会人与人之间平等、和谐的良好人际关系传达给每一位宾客，使他们感受到服务的温馨。

7. 真诚守信，一丝不苟

真诚守信和一丝不苟是做人的基本准则，也是一种社会公德。对茶品推介人员来说，它是一种职业态度，它的基本作用是树立自己的信誉，树立起值得他人信赖的道德形象。

一个茶叶经营单位或茶楼、茶店，如果不重视茶品的质量，不注重为茶客服务，只是一味地追求经济利益，那么其终将信誉扫地；反之，则会赢得更多的宾客，也会在竞争中占据优势。

8. 钻研业务，精益求精

钻研业务、精益求精是对茶品推介人员在业务上的要求。要为前来购茶、品茶的客人提供优质服务，使茶文化得到进一步弘扬，就必须有丰富的业务知识和高超的操作技能。因此，自觉钻研业务、精益求精就成了一种必然要求。如果只有做好茶品推介工作的愿望而没有做好本职工作的技能，那是无济于事的。

作为一名茶品推介人员，要主动、热情、耐心、周到地接待品茶的客人，了解不同品茶对象的品饮习惯和特殊要求，熟知茶与健康的相关知识，熟练掌握不同茶品的沏泡方法。这与从事茶品推介的工作人员不断钻研业务、精益求精有很大关系，它不仅要求茶品推介人员有正确的动机、良好的愿望和坚强的毅力，而且要有正确的途径和方法。

项目二　茶品分类

知识准备

一、茶叶分类依据

按不同的分类标准，茶叶有多种分类方式（见表1-1）。例如，按茶叶产地分为湖南茶、四川茶、贵州茶、云南茶等；按采制季节分为春茶、夏茶、秋茶、冬茶等。此外，还有按茶叶销路、茶叶等级等进行分类的。中国现代茶学以茶叶加工工艺与品质特征为依据，把茶分为基本茶类和再加工茶类两大类，还有的将非茶之茶也列为一类。

表1-1　茶叶分类依据

分类依据	具体内容
加工工艺	加工工艺不同，茶叶内含有的茶多酚氧化程度不同，品质也不同，通常可分为绿茶、红茶、青茶、黄茶、白茶、黑茶。绿茶茶多酚氧化程度最轻，红茶最重
生产季节	可分为春茶、夏茶、秋茶、冬茶。其中，春茶在清明前采摘的为明前茶，谷雨前采摘的为雨前茶。绿茶中明前茶倍受人们青睐，其品质佳，且数量少、价格高
加工程度	可分为粗加工（粗制）茶，也称毛茶；精加工（精制）茶，即商品茶、成品茶；深加工（再加工）茶，如速溶红茶、茶多酚提取物等
销路	可分为外销茶、内销茶、边销茶和侨销茶四类
生产地区	可分为浙茶、闽茶、赣茶、滇茶、徽茶、台茶等
发酵程度	可分为不发酵茶，如绿茶；轻发酵茶，如黄茶、白茶；半发酵茶，如青茶；重发酵茶，如红茶、黑茶
质量级别	可分为特级、一级、二级、三级、四级、五级等，有的特级茶还细分为特一、特二、特三。级别不同，品质各有差异，一般级别会印在茶叶外包装上，方便消费者鉴别

二、六大基本茶类

基本茶类有绿茶、红茶、乌龙茶、白茶、黄茶和黑茶

（扫描二维码，观看微课）

六大类。下面将就不同茶类的加工工艺和主要品质特点进行简要说明。

1. 绿茶（见图 1-5）

图 1-5　清新的绿茶

绿茶属于不发酵茶，是我国茶叶产量最多的一类，也是中国历史上出现最早、饮用最普遍的茶类。由于干茶的色泽和冲泡后的茶汤、叶底均以绿色为主调，因此称为绿茶。

绿茶的基本工艺流程为杀青、揉捻、干燥三大步骤。杀青是制造绿茶的第一道工序，也是绿茶加工的关键步骤，其目的是通过高温钝化酶的活性，保持茶叶的绿色，使之失去部分水分，变得柔软，以便成型。第二步揉捻的主要作用是适当破坏部分茶叶细胞，茶汁黏附于叶表便于冲泡，且使茶叶形成一定的形状。干燥是制作绿茶的最后一道工序。干燥是通过提温，增加物质分子运动的能量，加速水分子的蒸发，使水分散失，达到提毫保香、便于储藏的目的。根据杀青或干燥方式的不同，绿茶又可分为炒青绿茶、蒸青绿茶、烘青绿茶、晒青绿茶、半烘炒绿茶等（见表 1-2）。

表 1-2　绿茶的常见类型

炒青绿茶	用锅炒的方式进行杀青、干燥，其香气鲜嫩高爽，滋味鲜嫩醇爽、回味甘甜，汤色青绿明亮、白毫明显。著名的炒青绿茶有西湖龙井、洞庭碧螺春、雨花茶、庐山云雾、六安瓜片等
蒸青绿茶	绿茶初制时，采用热蒸汽杀青制成的绿茶称为蒸青绿茶，其品质特征有"三绿"，即干茶色泽翠绿、汤色碧绿、叶底嫩绿，代表茶有恩施玉露、仙人掌茶等

续表

烘青绿茶	在制茶的最后一道工序——干燥时，用炭火或烘干机烘干的绿茶称为烘青绿茶。与炒青绿茶相比，烘青绿茶颜色较绿润、条索较完整、香气略淡、汤色叶底黄绿明亮，代表茶有黄山毛峰、敬亭绿雪等
晒青绿茶	绿茶里较独特的品种，是指鲜叶通过杀青、揉捻后利用日光晒干的绿茶。滇青、陕青、川青等就是采用晒青的方式制作而成的
半烘炒绿茶	在干燥过程中通过先烘后炒的方法制成的绿茶，这种绿茶既有炒青绿茶的香高味浓，又保持了烘青绿茶茶条完整、白毫显露的特点

2. 红茶（见图 1-6）

图 1-6 温暖的红茶

红茶属于"全发酵茶"，也是全球饮用量最多的一类茶。红茶是在 17 世纪由中国东南沿海运往欧洲的，并风行于英国皇室贵族及上层社会，以其"香高、味浓、色艳"而受到消费者的热爱。18 世纪中期，中国红茶的制造工艺传到印度、斯里兰卡。200 多年以来，全世界已经有 40 多个国家生产红茶，红茶成为世界茶叶的大众产品。祁门红茶、阿萨姆红茶、大吉岭红茶、锡兰高地红茶被称为世界四大高香红茶。

红茶的加工工艺有萎凋、揉捻、发酵、干燥四个步骤。萎凋就是将采摘下来的鲜叶摊开，使茶叶厚度在 15 厘米左右，并使茶叶散失一部分水分的过程。这个过程对提高茶叶的色、香、味起到了积极作用，是红茶加工工艺中不可或缺的步骤。主要有日光萎凋、室内自然萎凋和萎凋槽萎凋三种方式。红茶揉捻的目的主要是为了破损细胞，以利于发酵，同时也为造型。发酵是红茶加工工艺的关键步骤，其目的是使揉捻叶内的化合物在酶促反应下发生氧化聚合作用，从而使茶叶红变，达到红茶所要求的干茶色泽。干燥是红茶加工工艺的最后一步（茶叶加工工艺的最后一步一般都是干燥），这一过程可使红茶成茶的含水量降低到 5% ～ 6%，便于保存。

我国将红茶按照加工的方法和出品的茶形分为小种红茶、工夫红茶和红碎茶（见表 1-3）。

红茶的干茶颜色为暗红色，具有麦芽糖香、焦糖香，滋味浓厚，略带涩味。红茶中咖啡因、茶碱较少，兴奋神经效能较低，性质温和。日常生活中女性较适宜喝红茶。除了采用清饮的方式喝红茶外，还可以采用调饮的方式，即根据不同人群的口味进行调配，如在红茶的茶汤中加入适量的牛奶和白糖制成甜润可口的奶茶，或者加入柠檬制成开胃美白的柠檬红茶等。

表 1-3　红茶分类

小种红茶	小种红茶起源于 16 世纪，是我国红茶的始源，主要产于福建省。按照产地和品质的不同，又分为正山小种和外山小种。18 世纪中期，小种红茶逐渐演变为工夫红茶，到了 19 世纪 80 年代，逐渐在国际市场上占据了主流地位
工夫红茶	工夫红茶因制作工艺讲究、技术性强而得名。工夫红茶发酵时一定要等绿叶变成铜红色才能烘干，而且要烘出香甜浓郁的味道才算恰到好处
红碎茶	红碎茶是指在加工过程中，鲜叶经过充分揉切，细胞破坏率高，有利于多酚类的氧化和冲泡，滋味浓强鲜爽。因叶型不同分为叶茶、碎茶、片茶和末茶，与普通红茶的碎末不可混为一谈

3. 青茶（乌龙茶）（见图 1-7）

图 1-7　花香果味的乌龙茶

青茶又叫乌龙茶，是介于绿茶（不发酵茶）和红茶（全发酵茶）之间的半发酵茶叶，经过萎凋、做青、揉捻、干燥而成。不同的青茶因发酵程度不同，滋味和香气也有所差异，但都具有花香浓郁、香气高长的特点。冲泡后，将其叶底展开，可看见茶叶边缘变红，因此，乌龙茶有"绿叶红镶边"之美誉。

我国六大茶类中，乌龙茶的制作工艺和程序最为考究。萎凋是乌龙茶制作的第一步，一般采用日光萎凋的方式进行，萎凋程度较红茶轻，目的是激发乌龙茶香气物质的提前生成，为做青过程中高香物质的形成奠定基础。做青是制作乌龙茶的关键步骤，包括晾青、摇青、炒青。晾青是继续萎凋过程中的一些反应。摇青则是乌龙茶"绿叶红镶边"和独特香气形成的关键步骤。摇青过程中，茶叶发生四个阶段的变化，即"摇匀、摇活、摇红、摇香"。炒青的目的是钝化酶活性，阻止酶促反应的继续进行，以形成乌龙茶独特的"三红七绿"特征。揉捻的主要目的是造型，如制作铁观音时一般采用包揉的方式进行，以形成铁观音的颗粒状外形。干燥主要是为了固定干茶的外形、巩固香气、降低水分。

乌龙茶按产区分为四大类：闽北乌龙、闽南乌龙、广东乌龙和台湾乌龙。

闽南乌龙和闽北乌龙都属于福建乌龙茶，因做青程度不同、造型不同而各有特色。闽北乌龙茶主要产于福建省北部的武夷山一带，建阳、南平、水吉等地区也有种植。闽北乌龙茶大多发酵较重，代表名茶有武夷肉桂、闽北水仙、大红袍等。闽南乌龙茶主要产于福建省南部的安溪县、永春县、平和县等地区，此地的青茶发酵较轻，主要名茶有铁观音、黄金桂、闽南水仙、永春佛手等，其制作严谨、技艺精巧，在国内外享有盛誉。广东乌龙茶主要产于广东省东部凤凰山区一带及潮州、梅州等地。广东乌龙茶的发酵程度要比闽北青茶的发酵程度低，主要名品有水仙、单丛、色种等，其中凤凰单丛和岭头单丛生长环境优雅、制作考究、品质出众。台湾乌龙茶主要产于阿里山脉、南投县、花莲等地区，有轻发酵、中发酵及重发酵等茶品，如轻发酵的文山包种、中发酵的冻顶乌龙、重发酵的东方美人，各具风韵。

4. 黑茶（见图1-8）

黑茶因其成品茶的外观呈黑色而得名，属于后发酵茶，主要产于云南、湖南、湖北、四川、广西等地，其产销量仅次于红茶和绿茶。黑茶曾经主要以边销茶为主，现在也是内销和侨销的热门产品。黑茶外形各异，有饼形、柱形、坨形、颗粒形等，颜色呈黑褐色或乌褐色，在一定条件下，经过储藏，呈现出独有的陈香陈韵。

（扫描二维码，观看微课）

图 1-8　厚重的黑茶

黑茶一般采用较成熟的原料制作，是经过杀青、揉捻、渥堆、干燥等基本工序制成的一种叶色油黑、汤色褐黄或褐红的茶类。渥堆是黑茶加工的关键工序，其主要作用是利用微生物的酶促作用、湿热环境的水热作用以及化学的氧化还原反应三个方面促使茶叶的内含成分发生改变，形成黑茶叶色黑褐、滋味醇和、香气纯正、汤色红黄明亮的品质特点。

黑茶出现于明代中叶，主产湖南、湖北、广西、云南、四川等地，主销西藏、新疆、内蒙古等边疆地区。云南的普洱茶，湖南的黑砖茶、茯砖茶、千两茶，湖北的青砖茶，四川的康砖茶，广西的六堡茶等，都是黑茶"大观园"里的"花朵"，每一款都独具特色（见表1-4）。云南黑茶主要是指经过后发酵的普洱茶，以滇青散茶为原料，经过发酵、压制等制作工艺制成紧压茶，如饼茶、砖茶等。普洱茶是云南省的传统历史名茶，现有熟普与生普之分。广西黑茶主要指苍梧县六堡乡的六堡茶，分为散茶和篓装紧压茶两种，主要销往两广地区和东南亚一带。湖南黑茶主要指安化黑茶，主要生产的产品可以分为散茶（黑毛茶、天尖茶、贡尖茶、生尖茶）、卷茶（千两茶、五百两、百两茶、十两茶、千两饼）和砖茶（茯砖茶、黑砖茶、花砖茶），一般被称为"三砖、三尖、一花卷"，主要销往新疆地区。湖北黑茶是指产于赤壁、咸宁等地区的老青砖茶，销往西北、内蒙古等地区。四川黑茶也可以称为四川边茶，分为南路边茶和西路边茶，有金尖、方包等，主要销往西藏和青海地区。

表 1-4　中国黑茶分类

中国黑茶分类体系	安化黑茶	散茶	黑毛茶、天尖茶、贡尖茶、生尖茶
		卷茶	千两茶、五百两、百两茶、十两茶、千两饼
		砖茶	茯砖茶、黑砖茶、花砖茶
	四川黑茶	南路	康砖、金尖、金玉、金仓、毛尖、芽细
		西路	"民族团结"茯砖茶、方包、圆包
	云南普洱	生普	紧茶（砖形、心形）、饼茶、沱茶
		熟普	散茶、紧茶、七子饼、方茶、沱茶
	广西六堡	六堡	篓装六堡茶、紧茶
	两湖青砖	青砖	羊楼洞青砖茶、临湘青砖茶
	其他		泾阳茯砖茶、浙江茯砖茶、贵州茯砖茶

黑茶是边疆少数民族生活中不可或缺的饮料。生活在边疆的很多同胞每天都会食用大量的牛肉、羊肉等高能量的食物，且常饮青稞酒等高热量饮料，他们必须借助像黑茶之类消食化腻的饮料来维持人体的代谢平衡。因此，在边疆同胞的心中，他们"宁可一日无食，不可一日无茶""一日无茶则滞，三日无茶则病"。

黑茶有利于人体健康似乎是不容置疑的，我国西北各民族有长达一千多年的饮用实践，足以证明饮用黑茶对边疆民族的身体有协助和调养作用。近现代以来，借助先进的实验设备与科学的检测方法，逐步揭示了黑茶补充膳食营养、助消化、解油腻、降脂减肥、预防心血管疾病、抗氧化、延缓衰老等养生保健的机理，越来越多的消费者因健康而选择喝黑茶。

5. 白茶（见图 1-9）

图 1-9　淡雅的白茶

白茶始产于福建，是六大茶类中加工流程最简单的一类茶，属于微发酵茶，满披白毫，芽叶完整，形态自然，色泽银白灰绿，汤色黄绿清澈，滋味清淡回甘。

白茶的加工步骤分萎凋和干燥两步。萎凋使多酚类化合物轻度缓慢地氧化，是白茶色泽形成的关键步骤。萎凋主要有自然萎凋、复式萎凋和加温萎凋三种方式，可适应不同种类的白茶需要。干燥的目的是为了去除茶叶中多余的水分和苦涩味，使白茶香高味醇。

白茶按茶树品种可分为大白、水仙白和小白三种；按照芽叶嫩度分为白毫银针、白牡丹、贡眉三种。一般按茶树品种、原料采摘标准的不同将其分为白芽茶和白叶茶两种。白芽茶多产自我国的福建省，其外形芽毫完整，满身披毫，制茶大多采用肥壮的单芽，主要代表茶叶是白毫银针。白叶茶的特别之处在于其自身的特殊花蕾香气，典型代表有白牡丹、贡眉、寿眉等，其中采摘茶树嫩梢第一、二叶为原料加工成白牡丹，以单叶片为原料加工成贡眉、寿眉。

传统典籍中记载，白茶有清热解毒、生津止渴、消暑利水、平肝潜阳、健牙护齿等功效。现代科学研究从化学物质组成学、细胞生物学和分子生物学水平上探讨了白茶美容抗衰、抗炎清火、降脂减肥、调降血糖、调腔尿酸、保护肝脏、抵御病毒等保健养生功效及科学机理，为科学饮用白茶提供了理论依据。

6. 黄茶（见图 1-10）

黄茶属轻微发酵茶，其品质特点是黄汤黄叶，即其干茶色泽黄，汤色黄，叶底也为黄色。

黄茶初制基本与绿茶相似，其加工工艺有杀青、闷黄、揉捻、干燥四大步骤。杀青是黄茶品质形成的基础，利用高温破坏酶活性，并促进内含物的转化。"闷黄"是黄茶特有的工序，也是黄茶制作的关键步骤。闷黄时茶坯在湿热条件下发生热化学反应，从而促使多酚类进行部分自动氧化。揉捻是黄茶的塑形工序，有的黄茶不需要揉捻，因茶而异。黄茶干燥首先得在低温的条件下进行，因为低温烘炒，水分蒸发，有利于内含物质慢慢转化，进一步促进黄汤黄叶的形成。然后利用高温烘炒，固定已经形成的黄茶品质。

图 1-10　温馨的黄茶

　　黄茶的分类通常按照鲜叶采摘的老嫩程度和芽叶的大小区分，一般归结为黄大茶、黄小茶和黄芽茶。黄大茶是我国黄茶中产量最多的一类，如安徽省的霍山黄大茶、广东省的大叶青。黄大茶对原料的采摘要求较为宽松，其鲜叶采摘要求大枝大杆，一般一芽三四叶或四五叶，长度为 10～13 厘米。黄小茶的代表有湖南的沩山毛尖、北港毛尖，湖北远安的鹿苑茶等。黄小茶对茶芽的要求与黄芽茶的茶芽要求一致，"细嫩、新鲜、匀齐、纯净"，要采摘较小的芽叶进行加工，一芽一二叶，制成的成品茶条索细小。黄芽茶一般要采摘鲜嫩、肥壮且于春季萌发的单芽加工制成，茶色黄绿且多白毫。黄芽茶细分可分为银针和黄芽，银针以湖南省岳阳市的君山银针为佳品，黄芽则有四川省名山县（现为雅安市名山区）的蒙顶黄芽、安徽省霍山县的霍山黄芽等。

　　黄茶在制作的过程中会产生大量的消化酶，对脾胃很有好处，当出现消化不良、食欲不振等情况时，可以喝上一杯黄茶。黄茶中富含茶多酚、氨基酸、可溶性糖等物质，能满足身体对于营养素的需求。

三、再加工茶类

　　再加工茶类主要有花茶、紧压茶、萃取茶、果味茶、药用保健茶、含茶饮料等。

1. 花茶

　　花茶又名香片，是以绿茶、红茶或乌龙茶作为茶坯，加花窨烘而成。这种茶既有茶之滋味，也有花之芬芳，以窨的花种命名，如茉莉花茶、牡丹绣球等。

2. 紧压茶

紧压茶以红茶、绿茶、青茶、黑茶的毛茶为原料，经加工、蒸压成型而制成，因此也属于再加工茶类。我国目前生产的紧压茶主要有沱茶、普洱方茶、竹筒茶、米砖、花砖、黑砖、茯砖、青砖、康砖、金尖茶、方包茶、六堡茶、湘尖、紧茶、圆茶和饼茶等。其颜色大都为暗色，视采用何种茶类为原料而有所不同。

3. 萃取茶

以成品茶或半成品茶为原料，萃取茶叶中的可溶物，过滤弃渣，茶汁经浓缩或不浓缩，干燥或不干燥，制备成固态或液态茶，统称萃取茶，主要有罐装茶、浓缩茶及速溶茶。

4. 果味茶

果味茶就是在茶叶半成品或成品中加入果汁后制成的各种含有水果味的茶。这类茶叶既有茶味又有果香味，风味独特，如荔枝红茶、柠檬红茶、山楂茶等。

5. 药用保健茶

药用保健茶是用茶叶和某些中药或食品拼和调配后制成的。由于茶叶本来就有保健作用，经过调配，更加强了它的某些防病治病的功效。

6. 含茶饮料

含茶饮料，即在饮料中添加各种茶汁而开发出来的新型饮料，如茶可乐、茶露、茶叶汽水等。

7. 非茶之茶

非茶之茶是指不是茶叶的代用茶，如杜仲茶、冬瓜茶、绞股蓝茶、刺五加茶、玄米茶等。此类茶大都是以有某种疗效而被人们所饮用，因此也被称为保健茶，广泛流传于民间。

项目三 评茶基础

 知识准备

评茶不仅对环境的光线、空气等有要求，还需要专用的设备和器物。操作时，需按规范的程序和方法进行，才能保证评茶结果的准确性。

一、评茶室

1. 环境要求

评茶室（见图 1-11）应坐南朝北，北向开窗，面积不得小于 $15m^2$；室内色调应为白色或浅灰色，无色彩、异味干扰；室内温度宜保持在 15 ～ 27℃；室内光线应柔和、自然、明亮，无阳光直射，自然光线不足时应有辅助照明，轴光源光线应均匀、柔和、无投影；评茶时，应保持室内安静，控制噪声不得超过 50dB。

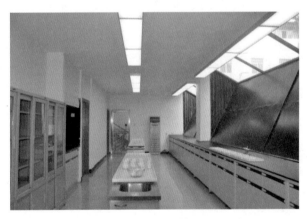

图 1-11　评茶室

2. 布置

（1）干评台（见图 1-12）

干评台用以审评茶叶外形，高度为 80 ～ 90cm，宽度为 60 ～ 75cm，台面为黑色亚光，长度视实际需要而定。

（2）湿评台（见图1-12）

湿评台用以放置审评杯碗泡水开汤，审评茶叶的内质，包括香气、滋味、汤色、叶底。其高度为75～80cm，宽度为45～50cm，台面为白色亚光，长度视实际需要而定。

（3）样茶柜架

在审评室内要配备样茶柜或样茶架，用以存放茶叶罐。样茶柜或样茶架一般放在湿评台后方，也有放在湿评台侧边靠壁的，这要根据评茶室具体条件安排。

总之，室内的布置与设备用具的安放，以便于审评工作的开展为原则。

图1-12　干评台和湿评台

二、茶叶审评用具

评茶时使用专用器具，数量应备足，规格一致，力求完善，以尽量减少客观上的误差。

图1-13　评茶盘

1. 评茶盘（见图1-13）

评茶盘用来鉴赏干茶，由木板或胶合板制成，呈正方形，边长23cm，边高3.3cm；盘的一角开有缺口，缺口呈倒等腰梯形，上宽5cm，下宽3cm；刷成白色，要求无气味。

2. 审评杯碗

审评杯用来泡茶和审评茶叶香气。审

评杯瓷质白色，杯盖有一小孔，在杯柄对面的杯口上有一小缺口，呈弧形或锯齿形，使杯盖盖在审评碗上仍易滤出茶汁。审评碗为特制的广口白色碗，用来审评茶叶汤色和滋味，要求各审评碗大小厚薄色泽一致。

（1）初制茶（毛茶）审评杯碗

审评杯呈圆柱形，高75mm，外径80mm，容量250mL，具盖，盖上有一小孔，杯盖上面外径92mm，与杯柄相对的杯口上缘有三个呈锯齿形的滤茶口，口中心深4mm，宽2.5mm。审评碗高71mm，上口外径112mm，容量440mL。

（2）精制茶（成品茶）审评杯碗（见图1-14）

审评杯呈圆柱形，高66mm，外径67mm，容量150mL，具盖，盖上有一小孔，杯盖上面外径76mm，与杯柄相对的杯口上缘有三个呈锯齿形的滤茶口，口中心深3mm，宽2.5mm。审评碗高56mm，上口外径95mm，容量240mL。

图1-14 精制茶审评杯碗

（3）乌龙茶审评杯碗（见图1-15）

图1-15 乌龙茶审评杯碗

审评杯呈倒钟形，高52mm，上口外径83mm，容量110mL，具盖，盖外径72mm。审评碗高51mm，上口外径95mm，容量160mL。

3. 分样盘（见图1-16）

分样盘由木板或胶合板制成，呈正方形，外围边长230mm，边高33mm；盘的两端各开一缺口，缺口呈倒等腰梯形，上宽50mm，下宽30mm。涂以白色油漆，要求无气味。

图1-16　分样盘

4. 叶底盘（见图1-17）

图1-17　叶底盘

审评叶底（浸泡叶）用，木质叶底盘有正方形和长方形两种，正方形长宽各10cm，边高2cm；长方形的长12cm，宽8.5cm，高2cm。通常漆成黑色，也有一种长方形白色搪瓷盘，盛清水漂看叶底。

5. 称茶秤

用来秤样茶,可用感量为0.1g的托盘天平(见图1-18)或0.01g的电子秤(见图1-19)。

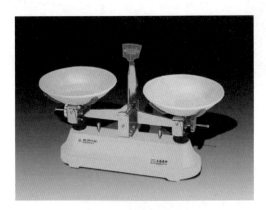

图1-18　托盘天平

图1-19　电子秤

6. 计时器（见图1-20）

泡茶时计时用，可用于定时闹钟。

图1-20　计时器

7. 其他

（1）网匙（见图1-21）：用以捞取审评茶碗内的茶渣，一般用铜丝或不锈钢丝制成。

（2）茶匙（见图1-22）：一般为普通白色汤匙。

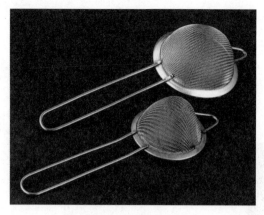

图 1-21　网匙

图 1-22　茶匙

（3）汤碗（见图 1-23）：清洗汤匙或放置汤匙和网匙用。

图 1-23　汤碗

（4）吐茶桶（见图 1-24）：审评时吐茶和倒茶渣用，有圆形、半圆形两种，高 80cm，直径 35cm，半腰直径 20cm，一般用镀锌铁皮制成。

（5）烧水壶（见图 1-25）：烧开水用，可用铝壶或电水壶。

图 1-24　吐茶桶

图 1-25　烧水壶

三、茶叶审评基本程序

茶叶审评通常分为外形审评和内质审评两个项目。外形审评包括形状、带驻芽整碎、色泽和净度四个因子；内质审评包括香气、滋味、汤色、叶底四个因子。

1. 干评外形（见图 1-26）

审评干茶外形，依靠视觉、触觉而鉴定。因茶类、花色不同，外在的形状、色泽是不一样的。根据各茶类的特征，分别审评干茶的形状、嫩度、色泽、匀整度、净度等，审评毛茶需 250 ~ 500g，精茶需 200 ~ 250g。

（扫描二维码,观看微课）

图 1-26　干茶外形

把盘，俗称摇样匾或摇样盘，是审评干茶外形的首要操作步骤。其动作要领是将干茶放入样茶盘里，双手拿住对角边，一手要拿住样茶盘的倒茶小缺口，用回旋筛转的方法使盘中茶叶分为上、中、下三层。一般先看面装茶和下身茶，再看中段茶。上、中、下三段茶品质特点见表 1-5。

表 1-5　上、中、下三段茶品质特点

名　称	别　称	品质特点
上段茶	面装茶	粗长轻飘
中段茶	腰档、肚货	细紧重实
下段茶	下身茶	碎茶、片末

（1）评比形状

①条形茶

先看面装茶比例是否合适；评比条索粗细、松紧、挺直或弯曲，芽的含量以及有无锋苗。然后取一把茶样，翻转手掌评比中段茶的粗细、松紧、轻重、老嫩，芽毫的含量以及是否显锋苗。最后评比下段茶细条或颗的轻重，碎芽尖或片末的含量。

②圆形茶

一般以细圆紧结或圆结，身骨重实为好；松扁开口，露黄头，身骨轻为品质差的表现。

③篓装茶

评比嫩度和松紧度。例如，六堡茶看其压制的紧实度及条形的肥厚度和嫩度；方包茶看其压制的紧实度、梗叶的含量及梗的粗细长短，是否有夹杂物。

④紧压茶

评比形状规格、松紧、匀整和光洁度。根据要求，有的要紧，有的要松紧适度，而茯砖还要求有金花。

（2）评比整碎度

评比匀齐度和上、中、下三段的比例。

（3）评比色泽

评比颜色是否正常，以及茶叶的鲜陈、润枯、匀杂。

（4）评比净度

评比茶叶中是否含有茶类夹杂物和非茶类夹杂物。

2. 湿评内质

（1）茶汤制备方法与各因子审评顺序

①初制茶（毛茶）（柱形杯审评法250mL）

初制茶（毛茶）茶汤制备方法见表1-6。

称取代表性茶样5.0g，茶水比（质量体积比）1：50，投入相应的审评杯内，然后以慢—快—慢的速度注满100℃沸水，一定时间后按冲泡次序将杯内茶汤滤入审评碗内。开汤后应先嗅香气，次看汤色，再尝滋味，后评叶底。

表 1-6 初制茶（毛茶）茶汤制备方法（参考 GB/T 23776—2018）

茶 类	茶 量 /g	茶 水 比	冲泡时间 /min
绿茶	5	1：50	4
红茶	5	1：50	5
乌龙茶	5	1：50	5
白茶	5	1：50	5
黄茶	5	1：50	5
黑茶	5	1：50	5

②精致茶（成品茶）（柱形杯审评法 150mL）

精致茶（成品茶）茶汤制备方法见表 1-7。

称取代表性茶样 3.0g，茶水比（质量体积比）1：50，投入相应的审评杯内，然后以慢—快—慢的速度注满 100℃沸水，一定时间后按冲泡次序将杯内茶汤滤入审评碗内。开汤后应先嗅香气，次看汤色，再尝滋味，后评叶底（审评名优绿茶应先看汤色）。

表 1-7 精致茶（成品茶）茶汤制备方法（参考 GB/T 23776—2018）

茶 类	茶 量 /g	茶 水 比	冲泡时间 /min	备 注
绿茶	3	1：50	4	
红茶	3	1：50	5	
乌龙茶（条型、卷曲型）	3	1：50	5	
乌龙茶（圆结型、拳曲型、颗粒型）	3	1：50	6	
白茶	3	1：50	5	
黄茶	3	1：50	5	
黑茶散茶	3	1：50	5	包括篓装茶
黑茶紧压茶	3	1：50	5 ~ 8	紧压茶要求充分解块，且不人为产生过多碎末茶
花茶	3	1：50	5	花茶要求拣除花瓣、花萼、花蒂等花类夹杂物

③乌龙茶成品茶（盖碗审评法 110mL）

沸水烫热审评杯碗，称取有代表性茶样 5g，置于 110mL 倒钟型审评杯中，快速注满沸水，用杯盖刮去液面泡沫，加盖。1min后，揭盖嗅其盖香，评茶叶香气；至2min沥茶汤于评茶碗中，评汤色和滋味。接着第二次冲泡，加盖，1～2min后，揭盖嗅其盖香，评茶叶香气；至3min沥茶汤于评茶碗中，再评汤色和滋味。第三次冲泡，加盖，2～3min后，评香气；至5min沥茶汤于评茶碗中，评汤色和滋味。最后嗅闻叶底香并倒入叶底盘中，审评叶底。结果以第二次冲泡为主要依据，综合第一次、第三次，统筹评判。

（2）嗅香气（见图1-27）

嗅香气应一手拿住已倒出茶汤的审评杯，另一手半揭开杯盖，靠近杯沿，用鼻轻嗅。为了正确辨别香气的类型、高低和长短，嗅时应重复一、二次，但每次嗅的时间不宜过久，一般为3秒左右。嗅香气应以热嗅、温嗅、冷嗅相结合进行，热嗅重点辨别香气的纯异，温嗅能辨别香气类型和高低，冷嗅主要是为了了解香气的持久程度。

图1-27　嗅香气

（3）看汤色（见图1-28）

①看汤色是否正常

就茶叶本身而言，不同的茶树品种、加工技术和储运等因素，都能影响汤色，如绿茶多呈绿色，红茶呈红色，乌龙茶呈橙黄（红）色，黄茶、白茶呈黄色，黑茶呈棕色等。

②评比深浅、明暗、清浊

审评不同茶时对汤色的明暗、清浊的要求是一致的：汤色明亮清澈，表示品质好；汤色深暗浑浊，则表明品质差。注意茶汤中的"冷后浑"现象。

图 1-28 看汤色

（4）尝滋味（见图1-29）

尝滋味时茶汤温度要适宜，以45～55℃为佳。评茶味时用瓷质汤匙从审评碗中取一匙倒入小品茗杯，再吮入口内，由于舌的不同部位对滋味的感觉不同（见图1-29），茶汤入口后在舌头上循环滚动，才能较正确全面地辨别滋味。审评滋味主要按浓淡、强弱、爽涩、鲜滞、纯异等评定优次。审评不同的茶类，对滋味的要求也有所不同，如名优绿茶要求鲜爽，而红碎茶强调滋味浓度等，但各类茶的口感都必须正常，无异味。

图1-29　尝滋味

（5）评叶底

将冲泡过的茶叶倒入叶底盘或审评盖的反面，先将叶张拌匀、铺开、揿平，观察其嫩度、匀度和色泽的优次。不同茶叶的叶底形态、色泽不尽相同，如绿茶色绿，红茶呈红色或紫铜红色，青茶红绿相映，黑茶深褐，黄茶呈黄色，白茶多显灰绿。又如条形茶的叶底芽叶完整，而碎茶则细碎匀称。各类茶也有相同之处：均以明亮调匀为好，以花杂欠匀为差。

项目四 茶业概况

知识准备

一、中国茶区分布

中国是世界茶树的发源地，有着悠久的种茶历史，茶区分布十分广泛。受地域气候、社会经济、饮茶习俗等诸多因素的影响，目前可分为华南、西南、江南、江北四大茶区。

1. 华南茶区

华南茶区位于中国南部，包括福建东南部、广东中南部、广西南部、云南南部，以及海南、台湾全省。该茶区属于热带、亚热带的季风气候范围，气温年均 19～20℃，降水量在 2100 毫米以上，且土壤多肥沃，土质多为赤红壤，部分为黄壤，适合许多大叶型（乔木型和小乔木型）茶树生长。华南茶区是青茶的主产区，主要产出青茶、红茶、绿茶。

2. 西南茶区

西南茶区是中国古老的茶区，是茶树的原产地，包括云南中北部、西藏东南部，以及贵州、四川全省和重庆全市。全区地形复杂，气候差异大，大部分地区属亚热带季风气候。该茶区土壤种类繁多，茶树种类多为灌木型和小乔木型，部分地区有乔木型茶树。西南茶区的茶叶品种以绿茶为主，也出产红碎茶、黑茶、花茶等。

3. 江南茶区

江南茶区是中国茶叶的主要产区之一，年产量约占全国总产量的 2/3，也是中国名茶最多的茶区，包括广东、广西、福建北部，湖北、安徽、江苏南部，以及湖南、江西、浙江。全区多地处于低丘低山地带，土壤基本上为红壤，部分为黄壤。种植的茶树以灌木型中叶种和小叶种为主，有少部分小乔木型中叶种和大叶种。该区生产的茶叶主要有绿茶、红茶、黑茶、青茶、花茶等。

4. 江北茶区

江北茶区位于长江中下游北岸，包括安徽、江苏、湖北北部，河南、陕西、甘肃南部，以及山东东南部。该茶区的年平均气温为 15 ～ 16℃，冬季的最低气温在 -10℃左右。年降水量较少，为 700 ～ 1000 毫米，且分布不均，常使茶树受旱。受环境因素的制约，江北茶区的茶树多为灌木型中叶种和小叶种。适宜种植茶树的地区不多，主要产出绿茶。

二、各地名茶

1. 华南地区名茶

华南地区名茶包括：福建的茉莉花茶、铁观音、永春佛手、正山小种、武夷大红袍、武夷肉桂、白牡丹、白毫银针、贡眉；广东的凤凰水仙、英德红茶、凤凰单丛；广西的白毛茶、六堡茶；海南的白沙绿茶；台湾的冻顶乌龙、白毫乌龙等。

2. 西南地区名茶

西南地区名茶包括：云南的普洱茶、滇红；四川的蒙顶甘露、雅安藏茶、峨眉竹叶青、蒙顶黄芽；重庆的沱茶、永川秀芽；贵州的湄潭翠芽、都匀毛尖、遵义毛峰；西藏的珠峰圣茶等。

3. 江南地区名茶

江南地区名茶包括：江苏的南京雨花茶、碧螺春、阳羡雪芽；安徽的黄山毛峰、太平猴魁、祁门红茶、九华毛峰；浙江的西湖龙井、普陀佛茶、华顶云雾、安吉白茶；湖南的君山银针、安化黑茶、衡山云雾；江西的庐山云雾、婺源茗眉；福建的武夷岩茶、白牡丹、白毫银针；湖北的恩施玉露等。

4. 江北地区名茶

江北地区名茶包括：江苏的花果山云雾茶；河南的信阳毛尖；安徽的霍山黄芽、舒城兰花、六安瓜片；山东的崂山绿茶；陕西的午子仙毫、紫阳毛尖等。

三、中国茶叶种植面积及产量

1. 中国茶叶种植面积

据中国茶叶流通协会统计，中国共有 18 个主要产茶省（自治区、直辖市）。

由于我国主要茶叶种植地多集中于长江中下游，气候因素、行业景气度以及规模经济效应等因素均会对茶园面积产生影响。2018 年，我国茶园种植面积23 年来首次出现下降，我国茶园种植面积下降到 4395.60 万亩。2019 年，我国茶园种植面积恢复增长态势，至 4597.87 万亩，较 2018 年同比增长 4.6%。2020 年，我国茶园种植面积进一步增长至 4747.69 万亩。

2013 ～ 2020 年中国茶园种植面积统计及增长情况见图 1-30。

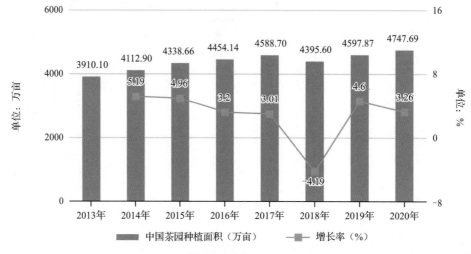

图 1-30　2013 ～ 2020 年中国茶园种植面积统计及增长情况

我国的许多省份都出产茶叶，但主要集中在南部各省，基本分布在东经94°～ 122°、北纬 18°～ 37°的广阔范围内，有浙、苏、闽、湘、鄂、皖、川、渝、黔、滇、藏、粤、桂、赣、琼、台、陕、豫、鲁、甘等省区的上千个县市。我国茶树最高种植在海拔 2600 米高地上，而最低仅距海平面几十米。在不同地区，生长着不同类型和不同品种的茶树，从而决定着茶叶的品质，形成了一定的、颇为丰富的茶类结构。

2. 我国茶叶产量

茶叶属于天然健康的饮品。中国是世界上最大的茶叶生产国，茶园面积与茶叶产量皆居世界第一。2016 年以来，中国茶叶产量呈稳定增长趋势，数据显示，我国茶叶产量从 2016 年的 231.33 万吨增长至 2020 年的 298.60 万吨，2020 年较上年增加 19.28 万吨，同比增长 6.94%。2016 ～ 2020 年中国茶叶产量统计见图 1-31。

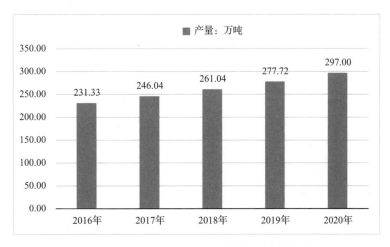

图 1-31 2016 ~ 2020 中国茶叶产量统计

2020 年，我国六大茶类中，绿茶、乌龙茶产量继续稳定增长，但总产量占比继续向下微调；红茶、白茶、黄茶产量激增，总产量占比出现攀升；黑茶略有减产，总产量占比有所下降。具体来看：绿茶产量 184.27 万吨，占总产量的 61.71%；红茶产量 40.43 万吨，占比 13.54%；黑茶产量 37.33 万吨，占比 12.50%；乌龙茶产量 27.78 万吨，占比 9.30%；白茶产量 7.35 万吨，占比 2.46%,；黄茶产量 1.45 万吨，占比 0.49%。

3. 中国茶叶消费

中国茶叶批发市场的各茶类交易量格局相对稳定,消费量逐年增长。目前，中国消费量最大的前三类茶为绿茶、红茶和乌龙茶。数据显示，2020 年中国茶叶国内销售量达 220.16 万吨，比 2019 年增长 17.61 万吨，同比增长 8.69%。2020 年中国茶叶国内销售均价为 131.21 元 / 千克，同比下降 2.98%。2020 年中国茶叶国内销售总额为 2888.84 亿元，同比增长 5.45%。

近几年中国茶叶消费情况统计见图 1-32。

数据表明，2020 年，中国绿茶内销额 1699.20 亿元，占内销总额的 58.8%；红茶 500.85 亿元，占比 17.4%；黑茶 301.57 亿元，占比 10.4%；乌龙茶 280.72 亿元，占比 9.7%；白茶 89.53 亿元，占比 3.1%；黄茶 16.96 亿元，占比 0.6%。

2020 年中国六大茶类内销额占比见图 1-33。

年份	2020	2019	2018	2017	2016	2015	2014	2013	2012	2011
内销总额	2889	2740	2661	2405	2148	1869	1669	1385	1176	971

2011～2020年中国茶叶内销总额　　　单位：亿元

图 1-32　近几年中国茶叶消费情况统计

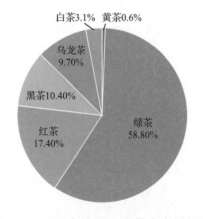

图 1-33　2020 年中国六大茶类内销额占比

四、世界茶业概况

1. 茶叶种植

国际茶叶委员会（ITC）统计数据显示，2019 年世界茶园面积达到 500 万公顷，较 2018 年增长 2.5%。2010 ～ 2019 年十年间世界茶叶种植面积增长了 116 万公顷，2019 年比 2010 年增长了 30.2%，年均复合增长率达 3.5%。

2019 年，茶叶种植面积在 10 万公顷以上的国家有 6 个，其中，中国茶叶种植面积为 306.6 万公顷，占全球茶叶种植面积的 61.4%，是全球茶园种植面积最大的国家；印度茶叶种植面积为 63.7 万公顷，占全球 12.7%；其余依次为肯尼亚（26.9 万公顷）、斯里兰卡（20.3 万公顷）、越南（13.0 万公顷）、印度尼西亚（11.4 万公顷）。

2. 茶叶产量

国际茶叶委员会（ITC）统计数据显示，2019 年，在中国茶叶产量增长的强势带动下，世界茶叶产量达到 615 万吨，较 2018 年增长 3.1%，增速略有放缓。2010 ~ 2019 年十年间世界茶叶产量增长了 185.1 万吨，2019 年比 2010 年增长了 43.1%，年均复合增长率达到 4.1%。

2019 年，中国茶叶产量 277.72 万吨，位居世界第一；产量排第二的是印度，为 139.0 万吨；排在第 3 ~ 10 位的依次是肯尼亚（45.9 万吨）、斯里兰卡（30.0 万吨）、土耳其（26.8 万吨）、越南（19.0 万吨）、印尼（12.9 万吨）、孟加拉（9.6 万吨）、阿根廷（7.7 万吨）和日本（7.65 万吨）。

3. 茶叶销售

根据世界各主要茶叶出口国家和地区（包含主要再出口国）2019 年的海关数据统计显示，出口量超过 1 万吨的茶叶生产国和地区达到 14 个，中国台湾地区的出口均价最高，为 12.09 美元 / 千克；其次是中国，5.51 美元 / 千克；斯里兰卡排在第三，4.57 美元 / 千克；而肯尼亚茶叶出口量虽然全球最大，但出口均价相对较低，仅 2.33 美元 / 千克。日本茶叶出口量保持在 5000 多吨，但出口均价全球最高，达到了 26.41 美元 / 千克；巴西茶叶的出口均价也达到了 6.09 美元 / 千克。

茶叶消费国家和地区的再出口均价相对较高，法国再出口均价为 21.38 美元 / 千克；其次是德国，为 10.98 美元 / 千克；英国为 7.11 美元 / 千克。

从全球各大茶叶拍卖行交易情况看，2019 年全球主要茶叶拍卖市场交易量为 141.86 万吨。交易量居世界第一的是肯尼亚蒙巴萨拍卖行（45.4 万吨），排第二的是斯里兰卡科伦坡拍卖行（29.05 万吨），排在第 3 ~ 10 位的拍卖行依次是加尔各答（印度，16.82 万吨）、古瓦哈提（印度，15.00 万吨）、西里古里（印度，14.26 万吨）、吉大港（孟加拉，8.50 万吨）、古努尔（印度，6.02 万吨）、科钦（印度，4.62 万吨）、哥印拜陀（印度，1.32 万吨）、林贝（马拉维，0.89 万吨）。从拍卖成交价格来看，全球拍卖成交均价整体呈现下滑趋势，其中，非洲、斯里兰卡等地区的拍卖成交价均下滑明显。

4. 茶叶消费

国际茶叶委员会（ITC）统计数据显示，2019年，世界茶叶消费总量为585.9万吨，其中，消费量最大的国家是中国（227.6万吨），位居第二的是印度（110.9万吨），其余依次为土耳其（26.3万吨）、巴基斯坦（20.6万吨）、俄罗斯（14.4万吨）、美国（11.7万吨）、埃及（10.9万吨）、日本（10.3万吨）、英国（10.1万吨）、印度尼西亚（9.7万吨）。

5. 茶叶出口

由于全球经济持续低迷，近年来世界茶叶出口市场整体保持平稳状态。2019年，世界茶叶出口量为189.5万吨，比2018年增加了4.1万吨，增长率为2.2%，延续近年来的增长态势，创造了近10年全球出口量的新高。

2019年，世界茶叶出口量排在第一位的是肯尼亚，达49.7万吨，占26.2%；其次是中国，为36.7万吨，占19.4%；第三是斯里兰卡，为29.0万吨，占15.3%；其余依次为印度（24.4万吨）、越南（13.6万吨）、阿根廷（7.5万吨）。

6. 茶叶进口

2019年，世界茶叶总进口量为180.4万吨，较2018年增长1.6%。2010～2019年十年间全球茶叶进口量变化不大，基本稳定在170万吨上下，总体呈缓慢上升态势，十年间的年均复合增长率约为0.96%。

2019年，世界茶叶进口量排在第一位的是巴基斯坦，达20.6万吨，占11.4%；其次是俄罗斯，为14.4万吨；第三是美国，11.7万吨；往后依次为英国（10.4万吨）、埃及（10.9万吨）、摩洛哥（8.3万吨）、伊朗（8.1万吨）、阿联酋（4.8万吨）、伊拉克（4.3万吨）。

总体而言，全球原叶茶仍以红茶、绿茶为主，但白茶等特种茶类的市场份额正在缓慢上升。

在营销方式上，应通过跨境电商，依托科技创新，尽快实现体验式消费，谋求营销模式上的新突破。此外，产品的价值提升与文化认同关联性极大，应采用文化植入的方式，通过直播、视频、抖音等现代传播手段去影响、培养，甚至改变消费国的生活方式。基于茶产业发展态势，对茶品推介人员的要求也将不断提高。因此，作为一名优秀的茶品推介从业人员，不仅要掌握扎实的专业知识，也应不断学习，才能与时俱进地跟上茶产业发展的国际潮流。

项目五　科学饮茶

知识准备

中国古代的医学家对茶的保健价值早就有着深刻的认识。我国现存最早的药学专著《神农本草经》记述了茶的药用价值：“茶味苦，使人饮之益思、少卧、轻身、明目。”唐代药学家陈藏器在《本草拾遗》中提出：“止渴除疫，贵哉茶也……诸药为各病之药，茶为万病之药。”如果说我国古代医学家、养生家对茶的医疗保健之论多是经验之谈，那么现代医学对茶与人体健康的深入研究，则借助科技充分证明了茶所具有的保健功效。茶的养生功能除了众所周知的提神、明目、益思、除烦、利尿外，茶对由于生活水平提高、工作节奏加快引发的人体代谢不平衡的调节功能也不断被人们发现和利用。联合国粮农组织（FAO）研究认为：“茶叶几乎可以证明是一种广谱的，对人体常见病有预防效果的保健食品。”茶已被公认为 21 世纪的健康之饮。

茶有益于健康，是因为茶中含有丰富的与人体健康有密切联系的功能成分，其中水溶性物质占 30% ～ 48%，主要包括果胶物质、茶多酚类、生物碱类、氨基酸类、糖类、有机酸等，见图 1-34。

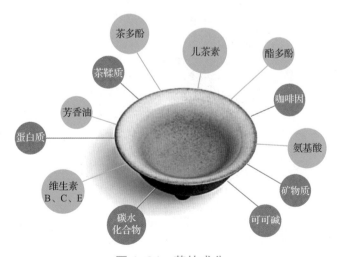

图 1-34　茶的成分

一、茶叶中的功能成分

（1）茶多酚

茶多酚（Tea Polyphenols）是茶叶中酚类有机化合物的

（扫描二维码，观看微课）

总称，约占茶叶干物质的 20% ~ 35%。茶多酚是茶叶中重要的化学成分之一，对茶叶品质的影响最为显著，是茶叶生物化学研究最广泛、最深入的一类物质，它主要由儿茶素类化合物、黄酮类化合物、花青素、酚酸等组成，其含量因产地、季节、品种、嫩度等因素而异。一般来说，大叶种、夏季茶、嫩度高的原料中茶多酚含量要高些。儿茶素类约占茶多酚总量的 50% ~ 80%，是茶叶发挥药理保健作用的主要活性成分，医学界称之为"维生素 P 群"。

现已证明，茶多酚具有防止血管硬化、防止动脉粥样硬化、降血脂、消炎抑菌、防辐射、抗癌、抗突变等多种功效。

引起茶叶涩味的主要成分是多酚类化合物及其氧化产物茶黄素等。

（2）生物碱类

生物碱亦称为植物碱，是一类碱性含氮有机化合物，也是茶叶中一类重要的生物活性成分。茶叶中的生物碱主要是咖啡因、茶叶碱、可可碱三种嘌呤碱（见图 1-35），其中咖啡因的含量最高，约占茶叶干重的 2% ~ 4%，其他两种嘌呤碱含量极低。茶叶中的生物碱含量与品种、产地、季节、原料嫩度有一定相关性，一般而言，大叶种、嫩度高、夏茶中的生物碱含量较高。

咖啡因具有苦味，其主要的生物活性功能有提神、助消化、利尿等。

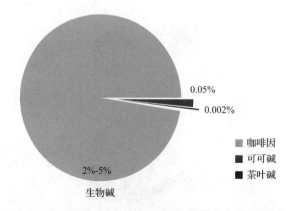

图 1-35　茶叶生物碱的组成及含量（占干物质）

（3）氨基酸类

茶叶中游离氨基酸总量约占干物质总量的 1% ~ 4%，以茶氨酸含量最高，约占茶叶游离氨基酸总量的 50% 以上。各种氨基酸的呈味特征不同，同种氨基酸可能感觉到几种呈味特征。按氨基酸的呈味特征将氨基酸分为甜味氨基酸、酸味和鲜味氨基酸、苦味氨基酸三大类。

茶氨酸是茶叶中特有的氨基酸，主要表现为鲜味、甜味，可抑制茶汤的苦涩味。

茶氨酸可促进大脑功能和神经的生长，预防帕金森综合症、老年痴呆症及传导性神经功能紊乱等疾病，还具有降压安神、改善睡眠和抗氧化等功能。

（4）茶叶蛋白质和糖类

茶叶中的蛋白质含量约为 26%，但能溶于水的约为 1%，即使每天饮茶 10g，提供蛋白质的量也不超过 0.1g。

茶叶中的单糖和双糖易溶于水，含量为 0.8% ～ 4.0%，是构成茶叶滋味的物质之一。茶多糖则是茶叶中重要的生物活性物质之一，它的杰出功效是降血糖、降血脂和防治糖尿病。

（5）茶叶色素

茶叶鲜叶中天然具有叶绿素、叶黄素、胡萝卜素、花黄素和花青素等色素。在鲜叶加工过程中，还会形成茶黄素（TFS）、茶红素（TRS）和茶褐素（TBS）等由茶多酚氧化聚合而成的色素。

茶叶色素包括水溶性与脂溶性两大类。水溶性茶叶色素主要是指花青素及茶红素、茶黄素和茶褐素。叶绿素、类胡萝卜素则属于脂溶性色素。

茶黄素能显著性提高超氧化物歧化酶（SOD）的活性，清除人体内的自由基，阻止自由基对机体的损伤，可预防和治疗心血管疾病等，具有良好的抗氧化及抗肿瘤功效。

（6）芳香类物质

茶叶中的芳香类物质是茶叶中易挥发性物质的总称，迄今发现并鉴定的茶叶香气成分约有 700 种。茶叶香气的形成和香气浓淡，既受不同茶树品种、采收季节、叶质老嫩的影响，也受不同制茶工艺和技术的影响。茶叶中的芳香类物质不仅增强了茶的品质，还能令人神清气爽、心旷神怡。

（7）维生素类

茶叶中含有丰富的维生素，其含量占干物质总量的 0.6% ～ 1%，也分水溶性和脂溶性两类。由于饮茶通常主要采用冲泡饮的方式，所以脂溶性的维生素几乎不能溶出而难以被人吸收。水溶性维生素主要有维生素 C 和维生素

B 族，高档名优绿茶中维生素 C 含量高，一般每 100g 高级绿茶中维生素 C 含量可达 250mg 左右，最高可达 500mg 以上。

（8）茶皂素

茶皂素为白色微细柱状结晶，能溶于热水，味苦而辛辣，是天然的表面活性剂，有强溶血作用以及抗渗消炎、降血脂等药理作用。

（9）矿物质类

茶叶中含有多种矿物质元素，如磷、钾、钙、镁、锰、铝、硫等。这些矿物质元素中的大多数对人体健康是有益的，常喝茶可补充人体所需的微量元素。例如，茶叶中的氟素含量远高于其他植物，氟素对预防龋齿和防治老年骨质疏松有明显效果。再者，在缺硒地区普及饮用富硒茶是解决硒营养问题的好方法。另外，茶叶中的锌含量高于鸡蛋和猪肉中锌的含量，尤其是绿茶，而且锌在茶汤中的浸出率高达 75%，易被人体吸收，因而茶叶被列为锌的优质植物营养源。

二、茶的养生保健功效

饮茶兼备对人体物质与精神的协调作用，即同时对人们的身体健康和心理健康有益。

1. 茶对身体健康的作用

中国最早发现和使用茶是从治病开始的。有关茶的防病治病功效，中国有近五千年的成功经验，且应用十分

（扫描二维码，观看微课）

广泛，效果奇佳。近年来，茶叶防癌和抗衰老的功能一直是世界各国科学家的研究热点。

（1）延缓衰老

现代科学认为，人虽然不可能"长生不老"，但是延缓衰老、延长寿命已成为现实。人为什么会衰老？多数专家认为衰老的主要原因是人体内产生过量的"自由基"引起的。自由基是人体在呼吸代谢过程中产生的一种化学性质非常活泼的物质，它在人体中使不饱和脂肪酸氧化，并产生祸脂素，这种祸脂素在人的手、脸等皮肤上沉积，就形成人们常见的"老年斑"；如果在内脏和细胞表面沉积，就会促使脏器衰老。而现代医学研究证明了茶多酚及其氧化物具有清除自由基即抗氧化的功能，因而长期饮茶可以抗衰老、延年益寿。

香港是我国最长寿的城市之一，专家认为这与香港人普遍嗜茶有关。

据报道，不同茶类的抗氧化效果不同，绿茶最好，乌龙茶次之，红茶稍差。

日本研究人员发现，有规律地饮用绿茶，能在人变老时延缓大脑老化，降低患老年痴呆症的风险。研究人员对 1003 位 70 岁以上的日本老人进行了问卷调查，研究发现，每天习惯喝 2 杯以上绿茶的老年人和每周习惯喝 3 杯以下绿茶的老年人相比，前者认知能力受到损害的概率大约只是后者的一半。

（2）提高人体免疫能力

饮茶可以提高人体机体、血液和肠道的免疫功能，增强对外来微生物和异物的抵抗力，增进健康。

例如，由于茶叶有效成分对人体肠道中有益细菌的促进作用以及对有害细菌的抑制作用，通过饮茶，可以改善人体（特别是中老年人）肠道微生物的结构，维持微生态平衡，从而起到增强肠道免疫功能的作用。1999 年，日本对 35 位老年人进行长期服用茶儿茶素片剂试验，结果表明肠道有益细菌数量上升，有害细菌数量下降。

（3）预防和治疗心血管疾病

心血管疾病是现代社会中引起人类死亡率最高的疾病类别之一，包括心脏和血管（动脉和静脉）部分的疾病。饮茶具有降血脂、降血压、减肥、降低血黏度、抗血小板凝集、减轻动脉粥样硬化等功效。

①降血压

我国传统医学中就有不少以茶为主的治疗高血压和冠心病的复配药方，如绿茶山楂汤、绿茶柿饼汤、绿茶蚕豆花汤、绿茶大黄汤等。用儿茶素研制降血压的药物在苏联曾经得到临床应用。

日本流行医学调查结果表明，在 60 岁以上的人群中，没有饮茶习惯的人冠心病患病率为 3.1%，偶尔饮茶者患病率为 2.3%，而连续三年饮茶者的患病率仅 1.4%。

②降血脂和减肥

血脂含量高往往使得脂质在血管壁上沉积，引起冠状动脉收缩、动脉粥样硬化和血栓。与此相关联的是，脂质过多往往引起肥胖，这是现代社会比较普遍的一种生理异常现象。饮茶由于能提高人的基础代谢率，从而促进脂肪的分解，起到减肥的作用。

饮茶具有良好的降脂功效，这是茶多酚、咖啡因、维生素、氨基酸等活性成分综合作用的结果。各种茶叶均有一定的减肥功能，目前的科学研究主要集中在乌龙茶、绿茶、黑茶及其提取物上。饮茶是最简单、最有效、最安全的减肥方法之一。

到目前为止，在茶对人体保健效应的研究中，心血管疾病研究方面获得了最令人信服的结果，并得到了最为广泛的应用。茶多酚在国外的销售和应用也主要是作为减肥和降血脂药物的组分。

我国台湾省的科学家于 2003 年对 1210 人进行了饮茶与体脂肪含量关系的调查，结果表明，有 10 年饮茶历史的人与不饮茶的人相比，体脂肪含量减少 19.6%，腰臀比降低 2.1%。日本有一项调查表明，饮乌龙茶的人在 120min 内能量代谢增加 10%，饮绿茶的人能量代谢增加 4%，说明饮茶可以降低体脂肪含量。

（4）杀菌、抗病毒

研究表明，茶叶对多种细菌（如金色葡萄球菌、霍乱弧菌、大肠杆菌、肠炎沙门氏菌、肉毒杆菌等）、真菌（如头状白癣真菌、斑状水泡白癣真菌、汗泡状白癣真菌和顽癣真菌）、病毒微生物具有杀灭或抑制作用。

我国香港曾报道了饮茶对流感的预防效果，通过对 877 人的流行病学调查，发现饮茶人群中只有 9.7% 的人出现流感症状，而不饮茶的人群中出现流感症状的比例为 18.3%，两者间有显著性差异。

（5）预防癌症

对茶叶防癌功能的研究始于 1987 年。经过 30 多年的研究，国内外研究者证明了饮茶确实可以降低多种人体癌症发生的风险并延迟其发生，而且具有一定的治疗效果，其主要原因在于：一方面，饮茶能致死癌细胞或抑制其发展和繁衍；另一方面，饮茶能提高机体的免疫力、抗氧化活性、DNA 修复功能和解毒能力，从而提高机体对癌症的抗性。根据大量的动物实验结果，茶多酚类化合物对癌症具有较强的抑制效应。总的来看，茶叶对癌症的防治效果研究的基本结论一致，但绿茶的效果比红茶好，对男性的效果比对女性好，对前列腺癌和胃癌的防治效果最佳。

总之，现代茶医学研究探明了茶叶中含有茶多酚、茶多糖、茶色素等生物活性成分及其对人体的抗肿瘤、抗衰老、抗病毒，以及治疗心血管疾病等多种保健功效。但是，不能因此把茶奉为包治百病的"灵丹妙药"，而只能视为一种对人体有生理调节作用的功能饮品，通过饮茶帮助人体提高对疾病的免疫性，预防许多对人体有很大威胁性的疾病。

2. 茶对心理健康的作用

（1）提神益思

（扫描二维码，观看微课）

现代医学研究证明，茶之所以提神益思，一是茶叶中的茶碱、咖啡因可使中枢神经兴奋并增进肌肉收缩力，增进新陈代谢作用；二是茶汤中的茶氨酸能提高人的学习能力，增强记忆力，茶汤中的铁盐在血液循环中也起着良好作用；三是茶叶中的芳香物质可醒脑提神，使人精神愉快，令人消除疲劳，提高工作效率。

（2）修身养性

茶能修身养性。晚唐刘贞亮总结了《茶十德》："以茶散郁气，以茶驱睡气，以茶养生气，以茶除病气，以茶利礼仁，以茶表敬意，以茶尝滋味，以茶养身体，以茶可行道，以茶可雅志。"基本涵盖了茶的全部功效，这其中有"六德"是赞扬茶对身体健康的益处；另外，"以茶利礼仁，以茶表敬意，以茶可行道，以茶可雅志"等"四德"则是点明茶对心理健康的作用。当今社会，由于商潮汹涌，物质丰富，生活节奏加快，竞争激烈，导致人心浮躁，心理易于失衡。而茶道是一种雅静、健康的文化，它能使人们绷紧的心灵得以松弛，倾斜的心理得以平衡。

（3）构建和谐

中国茶道精神的核心就是"和"，通过以"和"为本质的茶事活动，创造人与自然的和谐以及人与人之间的和谐。人们通过敬茶、饮茶沟通思想，交流感情，创造和谐气氛，增进彼此之间的友情。正所谓，一人喝茶，修身养性，达到"和气"；一个家庭喝茶，和和美美，家庭"和睦"；一个国家都喝茶，大家和谐共处，形成"和谐"社会；一个世界喝茶，国家之间求同存异，"和平"共处。

在经济社会高速发展的中国，各地茶市、茶馆如雨后春笋般层出不穷。闲暇之余，品茗论道，无论是谁，都可以在茶中找到心灵的慰藉。另一方面，为了满足当代社会多样化的需求，除传统的茶产品，各种功能性的茶饮料、茶食品、茶医疗保健品也相继被研发出来，走入市场。茶已成为"绿色、健康"的代名词，走进越来越多人的生活。中国茶道将以"廉俭、和乐"的精神为净化社会空气、构建和谐社会作出应有的贡献。

三、饮茶须知

（扫描二维码，观看微课）

1. 饮茶原则

品茶看似简单，实际上有很多讲究，这里要提醒广大茶友注意的不是茶道，也不是工序，而是品茶与养生的关系。只有规避品茶时的不良事项，才能做到以茶养生。

（1）切忌空腹喝茶

一般情况下，喝茶并没有严格的时间限定，只要想喝随时可以饮茶。但从科学保健的角度出发，饮茶的时间又有讲究，切忌空腹饮茶，尤其是饮用浓茶。因为茶叶大多属寒性，腹中空空却喝下一杯浓茶，会让脾胃产生寒凉感，甚至会引发胃痉挛。而且茶叶中所含有的咖啡因会刺激心脏，容易导致心悸、手脚无力等症状，还可能损害神经系统的正常功能。

（2）不要过量喝茶

对于平时有饮茶习惯的茶客来说，绿茶、红茶、花茶等细嫩茶叶通常一天饮茶 6～12g，根据个人身体状况和习惯分 2～4 次冲泡比较适宜；青茶、普洱茶一天的饮用量为 12～20g，分 2～3 次冲泡。喝茶虽好但不要过量，否则茶叶中的咖啡因等物质积聚体内，会损害神经系统；过量喝茶，茶叶中的利尿成分会加重肾脏器官负担，影响肾功能；茶叶中的兴奋物质会影响睡眠。

（3）睡前尽量不喝茶

对于一些特殊人群来说，睡前尽量不要喝茶，如情绪容易激动、肠胃功能较差或者睡眠质量较差的人。之所以不建议睡前喝茶，是因为茶中含有咖啡因成分，尤其是在前两泡茶汤中含量较多，此种物质具有较强的提神醒脑作用，会刺激神经引起兴奋感；饭后或者睡前饮茶，会冲淡胃液，延长胃部"工作时间"，加重消化负担；茶具有利尿作用，睡前喝茶常常会造成夜间起夜、尿频、尿急，最终降低睡眠质量。但一些具有安神助眠功效的茶饮，如薰衣草茶、白菊花茶等有助于睡眠，可以适当饮用。此外，可以用牛奶代替茶水，牛奶中含有的色氨酸可以镇静安神，消除紧张情绪，适合睡前饮用。

（4）服药后不宜立即饮茶

服药后不宜立即饮茶，茶叶中含有的咖啡因、鞣酸、茶多酚等物质，很可能与药物中的某些成分发生反应，影响药效或者形成不溶沉淀物，使药物不被人体吸收。比如，含铁、钙、铝等成分的西药，茶水中的茶多酚会和药物中的金属离子发生反应；蛋白类的酶制剂药（如助消化酶），茶叶中的一些物质容易与酶反应，降低酶制剂药的活性；具有安神、助眠的镇静类药物，因茶叶中含有具有兴奋作用的咖啡因，会与药性冲突，降低药效。因此，一般认为，服药后 2 小时内不宜饮茶。

（5）不宜饮茶的群体

有些疾病患者或处在特殊生理期的人就不适合饮浓茶。对神经衰弱患者来说，不要在临睡前饮茶。因为神经衰弱者的主要症状是失眠，茶叶含有的咖啡因具有兴奋作用，临睡前喝茶有碍入眠。

脾胃虚寒者不要饮浓茶，尤其是绿茶。因为绿茶性偏寒，并且浓茶中茶多酚、咖啡因含量都较高，对肠胃的刺激较强，这些对脾胃虚寒者均不利。

缺铁性贫血患者不宜饮茶。因为茶叶中的茶多酚很容易与食物中的铁发生反应，使铁成为不利于被人体吸收的状态。这些患者所服用的药物多为补铁剂，它们会与茶叶中的多酚类成分发生络合等反应，从而降低补铁药剂的疗效。

处于经期、孕期、产期的妇女最好少饮茶或只饮淡茶。茶叶中的茶多酚与铁离子会发生络合反应，使铁离子失去活性，这会使处于"三期"的妇女易患贫血症。茶叶中的咖啡因对中枢神经和心血管都有一定的刺激作用，会加重妇女的心、肾负担，对胎儿的生长发育是不利的。妇女在哺乳期不能饮浓茶，首先是浓茶中茶多酚含量较高，饮茶量过多或过浓时，会使其乳腺分泌减少；其次是浓茶中的咖啡因含量相对较高，会通过哺乳而进入婴儿体内，使婴儿兴奋过度或者发生肠痉挛。妇女经期也不要饮浓茶，茶叶中的咖啡因对中枢神经和心血管的刺激作用，会使经期基础代谢增高，引起痛经、经血过多或经期延长等。

2. 合理推介

如何在顾客进入茶馆之后，让其满意地喝好一杯茶是茶品推介人员所要认真考虑的问题。其中，茶品推介人员对茶饮的推荐是第一步。

（扫描二维码，观看微课）

（1）根据顾客需求推荐茶饮

顾客眼中的茶产品除了实体外，还包括包装、商标、信誉及产品可能带来的其他的有形与无形的利益。如顾客购买了一种名牌茶叶，可满足他一系列的需求与欲望，可给他带来一系列利益：提神解乏，生津止渴；外形美观，可供观赏；滋味鲜美，值得品尝；招待宾朋，主宾同乐；包装考究，馈赠佳品等。

因此，一定要根据顾客的需求推介最合适的茶。可以这么说："有一千个顾客，就有一千种茶的选择。"这种选择因地区、收入情况、文化教育水平、传统习惯等因素而异。对于同一个顾客还会因购买的时间（如平时和节假日）及商品茶的包装、品牌等的刺激心理不同而不同。这就是说，顾客对商品茶的选择具有"个性化"，而商品茶本身也应是具有"个性化"的产品。茶品推介人员就应该因人而异地推荐顾客最为需要、最为喜欢的茶饮。此外，茶品推介人员在向顾客推荐茶饮的时候，切不可囿于书本知识，只有因人制宜，合理饮茶，才能更好地发挥茶叶的保健作用，才能让顾客身心受益。

（2）根据顾客体质推荐茶饮

茶不在贵，适合就好。人的体质、生理状况和生活习惯都有差别，饮茶后的感受和生理反应也相去甚远。有的人喝绿茶睡不着觉，有的人不喝茶睡不着；有的人喝乌龙茶胃受不了，有的人却没事……因此，选择茶叶必须因人而异。

中医认为，人的体质有燥热、虚寒之别，而茶叶经过不同的制作工艺也有凉性及温性之分，所以，人的体质各异，饮茶也有讲究。燥热体质的人，应喝凉性茶；虚寒体质者，应喝温性茶。一般而言，绿茶和轻发酵乌龙茶属于凉性茶；重发酵乌龙茶如大红袍属于中性茶；而红茶、黑茶（普洱）属于温性茶。一般初次饮茶或偶尔饮茶的人，最好选用高级绿茶；对容易因饮茶而造成失眠的人，可选用低咖啡因茶或脱咖啡因茶。

有抽烟喝酒习惯、燥热体质及体形较胖的人喝凉性茶；肠胃虚寒，平时吃点苦瓜、西瓜就感觉腹胀不舒服的人或体质较虚弱者（即虚寒体质者），应喝中性茶或温性茶。老年人适合饮用红茶及普洱茶。

（3）根据季节情况推荐茶饮

由于绿茶是以鲜嫩芽叶经高温杀青的不发酵茶，鲜叶内所含的成分基本保存，且其收敛性强，氨基酸含量高，有防暑降温的功效。所以，在炎热夏季饮用绿茶，也可清热生津，给人以清凉之感。

红茶适宜于冬、春季饮用。红茶味甘苦、性微温、气香。红茶的热性比重发酵的青茶弱，但比绿茶强。红茶的加工特点是，不经杀青破坏茶叶中酶的活性，而以萎凋、发酵来增强酶的活性。虽然在发酵过程中引起鲜叶内质起变化，产生了热性物质，但因鲜叶较嫩、含糖量又比青茶少，加之在加工过程中烘焙时间比青茶短，故其热性就较青茶要小。在冬、春季稍寒冷的天气饮用，可适当补充身体热量，温胃散寒，提神暖身，比较适宜。

①青茶（即乌龙茶）的选饮

青茶宜在冬末春初季节饮用。青茶有轻发酵和重发酵之分，轻发酵的青茶性偏凉，重发酵的性偏温。重发酵青茶味微甘、性温、热性强。青茶在加工过程中经反复烘焙，吸收了大量热量，在冲饮后也释放出大量热量，再加之青茶的鲜叶较老，含糖量丰富，也能产生较高的热量。故在寒气逼人的冬末春初季节，宜饮用最暖性的青茶，如武夷岩茶、安溪铁观音等，以增加人体的热量，抵御寒气的侵袭。青茶产地的群众，还往往将它作为传统的发汗退热药。

②白茶的选饮

白茶适于酷暑季节饮用。白茶有其独特的制法，加工时，在气温较低的初春季节，采撷芽叶肥壮的鲜嫩叶梢，摊放于通风阴凉的自然环境中直接晾干，不炒不揉。因白茶不经烘干而晾干，故不仅不吸热，且芽心内包，不见日光，性寒，是难得的凉性饮料。

夏日炎炎，酷暑难当，饮一杯汤色杏黄、滋味醇厚鲜爽的白茶，能立即给人以消暑清凉之感，实为最佳的清凉饮料。白茶产地的群众也将老白茶作为祛湿退热、降肺火之治疗热证的良药。

③花草茶的选饮

春回大地、万物复苏、百花竞放的春季，宜选用香味浓郁、喝之顺气暖胃的"玳玳花茶"，或玫瑰花茶、茉莉花茶、百合茶等。

盛夏酷暑时，比较适合饮用带有清凉性质、除烦解暑的花茶。并且因为夏季炎热，人体的消化功能不强，因此饮用花茶时，要多喝一些调理肠胃、清热解毒的养生茶。如金银花茶、蒲公英茶、菊花茶等。

秋季秋高气爽、万物萧条，人体转入收敛阶段，容易出现秋燥的现象，秋季的养生茶茶性应该沉稳、收敛，以滋阴润肺、润燥生津为主。秋季可选用香气浓烈、喝之止咳祛痰的"白兰花茶"，或杏仁茶、雪梨茶、胖大海、罗汉果、桔梗茶等。

冬季天寒地冻、霜雪交加，人体阳气减弱、阴气转盛，这个季节可以饮用具有温中散寒、滋补性质的养生茶，茶性可以偏热。如可选香气清芬怡人、喝之散寒去淤的"桂花茶"，或川椒茶、丁香茶、桂枝茶、人参茶、红枣茶等。

模块二

推介篇

项目一 绿茶推介

项目二 红茶推介

项目三 黑茶推介

项目四 青茶推介

项目五 白茶推介

项目六 黄茶推介

项目七 其他茶类及代饮茶的推介

项目一 绿茶推介

知识准备

一、绿茶概述

绿茶属于不发酵茶，是我国茶叶产量最多的一类，也是消费最普遍的一类茶。由于干茶的色泽和冲泡后的茶汤、叶底均以绿色为主调，因此称为绿茶。绿茶的工艺流程主要有杀青、揉捻、干燥三大步骤。杀青是制造绿茶的第一道工序，也是绿茶加工的关键步骤，其目的是通过高温钝化酶的活性，保持茶叶的绿色，使之失去部分水分，变得柔软，以便成型。正是这样独特的加工工艺，造就了绿茶香气以清香、嫩香为主，汤色青绿明亮、滋味鲜嫩醇爽的品质特征。

二、绿茶的品类

根据杀青与干燥方式的不同，绿茶又可以分为炒青绿茶、蒸青绿茶、烘青绿茶、晒青绿茶、半烘炒绿茶等。

炒青绿茶即用锅炒的方式进行干燥，可按干茶的形状分为长炒青、圆炒青和扁炒青，其中以长炒青的产地最广、产量最多。长炒青的品质特征是茶叶条索紧结，浑直匀齐，有锋苗，色泽绿润，香气浓高，滋味浓醇，汤色黄绿清澈，叶底黄绿明亮。圆炒青也是我国绿茶的主要品种之一，历史上圆炒青主要集散地在浙江绍兴平水镇，因而称为"平水珠茶"。毛茶又称为平炒青，外形呈颗粒状，高档茶圆紧似珠，匀齐重实，色泽墨绿油润，内质香气纯正，滋味浓醇，汤色清明，叶底黄绿明亮，芽叶柔软完整。扁炒青外形呈扁平形，有龙井茶、大方茶、旗枪茶等。著名的炒青绿茶有西湖龙井、洞庭碧螺春、雨花茶、六安瓜片等。

蒸青绿茶，顾名思义是用蒸汽杀青制成的绿茶，具有"三绿"的品质特征，即干茶色泽翠绿、汤色碧绿、叶底嫩绿，代表茶有恩施玉露、仙人掌茶、阳羡茶等。

烘青绿茶是指用烘焙的方法进行干燥而成的绿茶。与炒青绿茶相比，烘青绿茶颜色较绿润，条索较完整，香气略淡，汤色叶底黄绿明亮，代表茶有黄山毛峰、敬亭绿雪等。

晒青绿茶是绿茶里较独特的品种，是指鲜叶通过杀青、揉捻后利用日光晒干的绿茶。滇青、陕青、川青等就是采用晒青的方式进行制作的，其品质特征为外形条索尚紧结，色泽乌绿欠润，香气低闷，常有日晒气，汤色及叶底泛黄。

最后还有半烘炒绿茶，它是在干燥过程中通过先烘后炒的方法制成的绿茶，这种绿茶既有炒青绿茶的香高味浓，又保持了烘青绿茶茶条完整、白毫显露的特点。

三、绿茶与健康

绿茶被誉为"国饮"。现代科学大量研究证实，绿茶中富含丰富的茶多酚、咖啡因、脂多糖、茶氨酸等。茶多酚为可溶性化合物，占茶叶干物质总量的 20%～35%，主要由儿茶素类、黄酮类化合物、花青素和酚酸组成。其中，儿茶素类约占茶多酚总量的 50%～80%，它是茶叶发挥药理保健作用的主要活性成分，医学界也称之为"维生素 P 群"。现已证明，茶多酚类物质的功效很多，如防止血管硬化、动脉粥样硬化以及降血脂、消炎抑菌、防辐射、抗癌、抗突变等。同时，其含量极高的茶氨酸可促进大脑功能和神经的生长，预防帕金森综合症、老年痴呆症及传导性神经管紊乱等疾病，还具有降压安神、改善睡眠和抗氧化等功能。

四、名品鉴赏

古丈毛尖

✓ 产地详情

产于湖南湘西古丈。

✓ 茶叶介绍

"湖南十大名茶"之一。古丈毛尖始于东汉，南北朝《荆州土地记》、唐代《通典》均有记载。1897 年撰《古丈县志》记载："古丈坪厅之茶，清明谷雨前捡摘，清香馥郁，有洞庭君山之胜。"古丈毛尖采制精细，外形条索紧细圆直，锋苗挺秀，白毫显露，或弯似鱼钩，或直如标枪，色泽翠绿光润，内质清香芬芳，滋味醇厚鲜爽，生津回甘，以香高持久、耐冲泡而久负盛名。

✓ **品质特点**

外形：翠绿光润，条索紧细圆直，锋苗挺秀，见图2-1。

香气：清香高长。

汤色：青绿明亮，见图2-2。

滋味：醇厚鲜爽，生津回甘。

叶底：嫩匀软亮，见图2-3。

  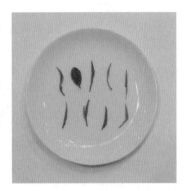

图2-1 古丈毛尖外形　　图2-2 古丈毛尖汤色　　图2-3 古丈毛尖叶底

石门银峰

✓ **产地详情**

产于湖南石门。

✓ **茶叶介绍**

2005年、2018年"湖南十大名茶"之一，1989年研制成功。茶园地处自古便是产茶胜地的泛壶瓶山一带，是联合国确认的全球生态保护最佳的200个自然保护区之一。该茶经摊青、杀青、青风、炒二青、理条、摊凉、整形、紧条、提毫、烘焙等十多道工序制成。外形紧秀似峰，满披银毫，内质香高，味浓而爽润。2000年获第二次国际名茶金奖，2005年获第六届"中茶杯"特等奖。

✓ **品质特点**

外形：紧圆挺直，银毫满披，色泽翠绿纯润，见图2-4。

香气：嫩香高长。

汤色：嫩绿明亮，见图2-5。

滋味：鲜爽醇厚。

叶底：嫩绿匀整。

图2-4 石门银峰外形　　　　　　　　图2-5 石门银峰茶冲泡

碣滩茶

✓ 产地详情

产于湖南怀化。

✓ 茶叶介绍

2005年、2018年"湖南十大名茶"之一，原产于湖南省怀化沅陵县武陵山区沅江之畔的碣滩山区，故名。陆贽（754～805，苏州嘉兴人，唐大历进士）《翰苑集》云："邑中出茶处多，先以碣滩产者为最，今且以之充土贡矣。"该茶不晚于唐代即为贡品，曾输往日本、印度等地，在古代国际市场享有盛誉。碣滩茶采摘一芽一叶初展的鲜叶。碣滩茶加工工艺分为摊放、杀青、初揉、初烘、复揉、复烘、理条搓条、整形提毫、足干、包装等十道工序加工而成。茶品条索紧细，芽身匀整扭曲，色泽绿润，白毫显露有锋苗，香气清高持久，汤色绿亮明净，滋味甘醇、饮后回甘，叶底嫩匀。2015年，荣膺意大利米兰世博会"百年世博中国名茶金奖"，曾先后获湖南省、农业部、国际茶文化节等多项大奖。

✓ 品质特点

外形：条索紧细，色泽绿润（见图2-6）。

香气：清高持久。

汤色：绿亮明净。

滋味：醇厚回甘。

叶底：嫩绿匀整（见图 2-7）。

图 2-6

图 2-7

黄金茶

✔ **产地详情**

产于湖南湘西。

✔ **茶叶介绍**

2018 年"湖南十大名茶"之一。黄金茶具有"四高四绝"的特质。"四高"，即茶叶内氨基酸、茶多酚、水浸出物、叶绿素含量高，氨基酸含量达 7.47%，是同期一般绿茶品种的 2 倍，茶多酚含量达 20% 左右，水浸出物近 40%，叶绿素比对照品种高 50% 以上；"四绝"，就是茶叶的香气浓郁、汤色翠绿、入口清爽、回味甘醇。特别是氨基酸含量高，使黄金茶具有保健养颜、促进新陈代谢、延年益寿的功效。

✔ **品质特点**

外形：翠绿显毫，见图 2-8。

香气：嫩栗香持久。

汤色：嫩绿明亮。

滋味：鲜爽回甘。

叶底：嫩绿明亮，见图 2-9。

图 2-8　黄金茶干茶

图 2-9　黄金茶叶底

西湖龙井

✓ 产地详情

产于浙江杭州西湖的狮峰、龙井、五云山、虎跑、梅家坞等地，其中多认为产于狮峰的品质更佳。

✓ 茶叶介绍

西湖龙井以"色绿、香郁、味醇、形美"著称，位居中国十大名茶之首。杭州西湖湖畔的崇山峻岭中常年云雾缭绕，气候温和，雨量充沛，加上土壤结构疏松、土质肥沃，非常适合龙井茶的种植。西湖龙井知于唐代，发展于宋代，然而真正为普通百姓熟知则是在明代。西湖龙井以"狮（峰）、龙（井）、云（栖）、虎（跑）、梅（家坞）"排列品第。

西湖龙井要求原料细嫩，而常采一芽一叶。清明前采制的称为"明前"，清明后 2～3 天采制的为"雀后"，谷雨前采摘为"雨前"。1986 年 5 月，"西湖龙井"被国家商业部评为全国名茶。

✓ 品质特点

外形：扁平挺秀，光滑匀齐，呈糙米色，形似"碗钉"，见图 2-10。

色泽：色翠略黄。

香气：清香幽雅，馥郁如兰。

汤色：嫩绿明亮。

滋味：甘鲜醇和。

叶底：成朵匀齐，见图 2-11。

图 2-10 西湖龙井干茶

图 2-11 西湖龙井叶底

洞庭碧螺春

✓ **产地详情**

产于江苏吴县（现为苏州市吴中区和相城区）太湖之滨的洞庭山。

✓ **茶叶介绍**

洞庭碧螺春以"形美、色艳、香浓、味醇"闻名中外，有古诗云："洞庭碧螺春，茶香百里醉。"关于碧螺春的茶名由来，有两种说法：一种是康熙游览太湖时，品尝后觉香味俱佳，因此取其色泽碧绿，卷曲似螺，春时采制，又得自洞庭碧螺峰等特点，钦赐其美名；另一种则是由一个动人的民间传说而来，说的是为纪念美丽善良的碧螺姑娘，而将其亲手种下的奇异茶树命名为碧螺春。碧螺春有此雅名，与它独特的产地分不开。洞庭山气候温和湿润，土壤肥沃，茶树间种有枇杷、杨梅等果树，茶叶既有茶的特色，又具有天然的花果香。

碧螺春一般分为7个等级，芽叶随级数越高而越大，茸毛越少。只有细嫩的芽叶，巧夺天工的手艺，才能形成碧螺春色、香、味俱全的独特风格。

优质洞庭碧螺春银芽显露，一芽一叶，茶叶总长度为1.5厘米，每500克有6～7万个芽头，芽为白豪卷曲形，叶为卷曲青绿色，叶底幼嫩，均匀明亮。劣质的为一芽二叶，芽叶长度不齐，呈黄色。

✓ **品质特点**

外形：条索紧结，白毫显露，卷曲成螺，见图2-12。

色泽：银绿隐翠。

香气：清香浓郁。

汤色：嫩绿清澈，见图 2-13。

滋味：浓郁甘醇，鲜爽生津，回味绵长。

叶底：嫩绿明亮，见图 2-14。

图 2-12　碧螺春干茶　　　　图 2-13　碧螺春茶汤　　　　图 2-14　碧螺春叶底

庐山云雾

✓ 产地详情

产于江西庐山。

✓ 茶叶介绍

庐山云雾茶是庐山的地方特产之一，由于长年受庐山流泉飞瀑的亲润，形成了独特的"味醇、色秀、香馨、液清"的醇香品质，更因其六绝"条索清壮、青翠多毫、汤色明亮、叶好匀齐、香郁持久、醇厚味甘"而著称于世，被评为绿茶中的精品，更有诗赞曰："庐山云雾茶，味浓性泼辣。若得长时饮，延年益寿法。"庐山云雾茶始产于汉代，最早是一种野生茶，后东林寺名僧慧远将其改造为家生茶，现已有一千多年的栽种历史，宋代列为"贡茶"，是中国十大名茶之一。

优质的庐山云雾茶颜色介于黄绿与青绿之间，而且香气选择高长的为佳。要是干茶颜色偏深褐色，那就说明此云雾茶很有可能是陈茶。庐山云雾茶清香宜人，以带兰花香、香气浓郁的为上品。云雾茶外形紧而结实，色泽绿润，匀净整齐。

✓ 茶叶特色

外形：紧结秀丽，芽壮叶肥，白毫显露，见图 2-15。

色泽：光润青翠。

香气：鲜爽持久。

汤色：黄绿明亮，见图 2-16。

滋味：鲜爽甘醇，滋味深厚，回味香绵。

叶底：嫩绿匀齐，见图 2-17。

图 2-15　庐山云雾干茶

图 2-16　庐山云雾茶汤

图 2-17　庐山云雾叶底

六安瓜片

✓ 产地详情

产于安徽省六安市。

✓ 茶叶介绍

六安茶在唐代即是为人所知的名茶，在明清两代是宫廷圣品。六安瓜片历来是作为药膳茶、减肥茶的最佳基础绿茶原料，近年来深受人们的喜欢。六安瓜片的采摘比其他高档绿茶要稍微晚半月，有些是在清明谷雨前进行采摘。采摘过程中会因为芽叶的不同而进行较为精细的等级分类，制作出来的茶叶形似葵花籽，像瓜子的单片，所以叫它"瓜片"。

优质的六安瓜片外形上长短大小相差无几，茶叶的粗细匀整，则说明茶叶在炒制时控制得不错。茶叶颜色铁青透翠说明茶叶制作得比较好。茶叶中的香味清香扑鼻则说明茶叶品质不错，如果含有其他味道则说明不是很好的品质。冲泡后能闻到悠悠的茶香味，茶汤颜色碧绿清亮，没有一点浑浊之感，而且叶片舒张均匀，叶底叶色淡青透亮。茶汤一般都会有些微苦，但滋味回甘。

✓ 茶叶特色

外形：似瓜子的单片，自然平展，叶缘微翘，见图 2-18。

色泽：宝绿起霜。

香气：清香高爽。

汤色：碧绿清澈，见图 2-19。
滋味：鲜醇回甘。
叶底：嫩绿明亮，见图 2-20。

图 2-18　六安瓜片干茶　　　图 2-19　六安瓜片茶汤　　　图 2-20　六安瓜片叶底

执行

任务一　推荐西湖龙井

◢ Step1 介绍推荐的茶品名称

西湖龙井以"色绿、香郁、味醇、形美"著称，位居中国十大名茶之首。龙井茶因产地不同，品类也较多，但最有名的还属西湖龙井。西湖龙井茶叶泡开后，颀长舒展，汤色碧绿，清香扑鼻。

◢ Step2 介绍该茶的相关信息

从产地、种植环境、加工方法、茶品规格、生产年份、零售价格等角度介绍茶品信息。

◢ Step3 介绍该茶的品质特点

优质的西湖龙井茶叶为扁形，叶细嫩，条形整齐，宽度一致，为绿黄色，手感光滑，一芽一叶或二叶。芽长于叶，一般长 3 厘米以下，冲泡后呈现芽蒂朝上，芽芯朝下的"倒栽葱"景象。其色泽色翠略黄；香气清香幽雅，馥郁如兰；汤色嫩绿明亮；滋味甘鲜醇和。

✒ Step4 询问引导

介绍完茶品后要询问顾客意见，如果顾客对该产品产生了兴趣，就可以进行茶品冲泡；如果表示不感兴趣或不需要，继续推荐其他茶品。

任务二　绿茶的冲泡（单杯冲泡法）

绿茶的常用冲泡方法有单杯冲泡和分杯冲泡。

细嫩名优绿茶兼备"色、香、味、形"四大优点，为了便于充分欣赏茶芽的舒展、汤色和叶底，通常宜选用透明的玻璃杯进行单杯冲泡。

分杯冲泡即是将绿茶泡好后，将茶汤先倾入公道杯，然后斟入品茗杯中敬奉给客人细品。一般选用水晶玻璃同心杯或盖碗来冲泡，最大的优点是可根据客人的品饮喜好确定出汤的时间，不会让茶叶长时间浸泡在水中，出现苦涩味。这样就能更好地控制每一道茶汤的色、香、味，也能让每位客人喝到茶味一样的茶汤。比起单杯冲泡，别有一番情趣。

✒ Step 1 备具

直筒玻璃杯。

✒ Step 2 投茶（见图2-21）

图 2-21　投茶

茶水比例为 1 ： 50（视茶原料及个人口感调整）。

✎ Step 3 煮水

冲泡绿茶，水温很讲究，细嫩芽叶如果用 100℃开水直接冲泡容易"熟汤失味"，汤黄、色暗，失去观赏性，而且破坏维生素 C，降低营养；同时，茶多酚很快浸出，茶汤产生苦涩味。

特别细嫩的名优绿茶，如明前碧螺春，水温宜 75℃～ 80℃；

细嫩的名优绿茶，水温宜 80℃～ 85℃；

炒青绿茶等大宗绿茶，水温宜 90℃～ 95℃；

龙井茶冲泡时以 80℃～ 85℃的水温为宜。

✎ Step 4 冲泡

可使用下投法、中投法和上投法这三种不同方式。

（1）下投法

先投茶，再注水。

作用：水对茶有力冲击，使水浸出物速度加快。

效果：茶叶舒展较快，茶汁容易浸出，茶香透发完全，而且整个杯的浓度均匀。在水的冲击下，芽叶飞舞，有欣赏美感。茶汤稍浊，滋味相对较浓。

形状较为松散的绿茶，如黄山毛峰、六安瓜片等外形开阔或有鱼叶的绿茶宜选用中投法或下投法。

注水技巧：沿杯壁冲水，有利于茶叶的翻滚。

（2）中投法

注水三分之一，投茶，然后再注水至七分满。或在放入茶叶后，注入三分之一的水略作温润，然后再注水至七分满。由于中投经过了温润，使得后面茶汤的浸出速度快，而且不会太烫，很适合在茶话会这样人数较多的场合使用。

作用：可降水温，适当让茶预舒展。

效果：茶香散发，在较短时间内水浸出物较多。

一般适合下投法的茶，大多也适合中投法。

（3）上投法

先注水，再投茶。

作用：可降水温，减少水对茶的冲击力。

效果：可展示茶叶舒展之美，适宜茶条紧结、重实、易下沉的细嫩绿茶。茶汤相对清亮，滋味相对较淡。

适用于外形紧结、原料细嫩的高档名优绿茶，如洞庭碧螺春、蒙顶甘露、径山茶、庐山云雾、涌溪火青、苍山雪绿等。

此外，用下投温润泡的方式冲泡。先进行温润泡，将开水壶中适量的开水倾入杯中，注水量为茶杯容量的 1/4 左右，注意开水柱不要直接浇在茶叶上，应打在玻璃杯的内壁上，以避免烫坏茶叶。此泡时间掌握在 15 秒以内。之后将茶叶完全润入水中，再执开水壶以"凤凰三点头"高冲注水（见图 2-22），使茶杯中的茶叶上下翻滚，有助于茶叶内含物质浸出，茶汤浓度达到上下一致。一般冲水入杯至七成满为止。

图 2-22　注水冲泡

↗ Step 5 续水

要注意的是，杯中还留有三分之一茶汤时要及时续水。待客时尤其要注意，这既是冲泡技术，也是礼节的要求。续水 3 ~ 4 次，茶味变淡即可换茶。

任务三　绿茶的品饮

↗ Step 1 观汤色

为了更好地观赏绿茶的汤色和优美形态，一般选用透明玻璃杯。端起玻璃杯，观察茶叶在杯中舒展，游弋沉浮，被茶人称之为"茶舞"。观赏绿茶的汤色（见图2-23），或黄绿碧清，或淡绿微黄。

图 2-23　观汤色

◢ Step 2 闻香气

分热闻、温闻和冷闻，感受绿茶香气的纯异、香气的类型与香气的持久度，见图2-24。

图 2-24　闻香气

◢ Step 3 尝滋味

端杯小啜，尝茶汤滋味，让茶汤与舌头味蕾充分接触，细品茶汤鲜爽、醇厚与回甘，见图2-25。

图 2-25 尝滋味

项目二 红茶推介

知识准备

一、红茶概述

红茶，因干茶色泽和冲泡后的茶汤以红色为主调，故此得名。我国是红茶生产的发源地，早在 16 世纪末，就发明了小种红茶的制法，现有工夫红茶、红碎茶和小种红茶等红茶分类。

红茶属于"全发酵茶"，也是全球饮用量最多的一类茶。红茶在 17 世纪由我国东南沿海运往欧洲，风行于英国皇室贵族及上层社会，以其"香高、味浓、色艳"而受到消费者的热爱。祁门红茶、阿萨姆红茶、大吉岭红茶、锡兰高地红茶这四款红茶，常被称为世界四大著名红茶。

在中国，红茶的主要产区集中分布在海南、广东、广西、福建、湖南、湖北、安徽、浙江以及台湾等地。世界范围内，生产红茶的主要国家有中国、印度、斯里兰卡、印度尼西亚和肯尼亚等国。

红茶的加工工艺有萎凋、揉捻、发酵、干燥四个步骤。萎凋可使鲜叶失水，有利于后续工艺的进行且提高茶叶的色、香、味，是红茶加工工艺中不可或缺的步骤。揉捻可使鲜叶细胞破碎，便于冲泡时内含物质的浸出，同时起到造型的作用。发酵是红茶加工工艺的关键步骤，其目的是使揉捻叶内的化合物在酶促作用下发生氧化聚合反应，从而使茶叶发酵红变，达到红茶所要求的特征以及红茶色泽的形成。干燥是红茶加工工艺的最后一步，可使红茶茶叶的含水量达到 5% ～ 6% 左右，便于保存。红茶的成茶干茶颜色为乌润，具有麦芽糖香、焦糖香，滋味浓厚，略带涩味。红茶中咖啡因、茶碱较少，兴奋神经效能较低，性质温和。

二、红茶的品类

红茶按初制加工工艺不同，可分为红条茶和红碎茶。红条茶又分为小种红茶和工夫红茶。

小种红茶是最古老的红茶，同时也是红茶的鼻祖，其他红茶工艺都是从小种红茶演变而来的。小种红茶因产地和品质不同，分为正山小种和外山小种。正山小种产于武夷山市星村镇桐木关一带，所以又称为"星村小种"或"桐木关小种"。外山小种是福建的政和、坦洋、北岭、屏南、古田等地所产的仿照正山品质的小种红茶，品质不及正山小种，统称"外山小种"或"人工小种"。

工夫红茶是我国红茶的主要出口商品，因制造工艺讲究、技术性强而得名。工夫红茶发酵要适度，烘焙火温高低十分讲究，要烘出香甜浓郁的味道才算恰到好处。我国有多个省份先后生产工夫红茶，按地区命名的有滇红工夫（滇红）、祁门工夫（祁红）、宁红工夫、湖红工夫、闽红工夫、越红工夫、粤红工夫及台湾工夫等，其中又以祁红和滇红最为著名。

红碎茶是国际红茶市场的主销品种。红碎茶在加工过程中经过充分揉切，茶叶叶片的细胞破坏率高，有利于多酚类物质充分氧化和冲泡时内含物质的浸出，具有香气高锐持久、汤色红浓、滋味浓强鲜爽的特征。

三、红茶与调饮

通常，红条茶适合清饮，红碎茶更适合调饮，即根据不同人群的口味与需求进行调配。一般而言，红碎茶适合加牛奶、糖、蜂蜜、果汁、咖啡等调饮，也可以包装成袋泡茶后连袋冲泡。

调饮红碎茶时，先将适量红碎茶放入容器中以100℃的沸水浸泡5min，过滤出茶汤，加入适量的牛奶、柠檬汁、方糖等，集趣味性与健康饮茶于一体。

四、名品鉴赏

<u>正山小种</u>

✔产地详情

产于福建省武夷山桐木关。

✔茶叶介绍

正山小种又称"桐木关小种""拉普山小种"，是用松针或松柴熏制而成的。

正山小种历史悠久，清代陆廷灿著《续茶经》中称："武夷茶在山者为岩茶，水边者为洲茶……其最佳者名曰工夫茶，工夫茶之上又有小种……"。据桐木关老人传说，明朝时一支军队夜宿茶厂，以茶鲜叶为床垫，待军队离去时，茶农不忍丢弃红变的鲜叶，便用当地盛产的松木烧火烘干，由于当地人独特的经商头脑，变成"次品"的茶叶远销欧洲，得到了英国王室的喜爱，为正山小种的发展和繁荣打开了局面。

✔ 品质特点

　　外形：条索紧结，见图2-26。

　　色泽：乌黑油润。

　　香气：松烟香、桂圆香。

　　汤色：橙黄或橙红，有冷后浑现象，见图2-27。

　　滋味：醇和，宛如桂圆汤。

　　叶底：嫩软红亮，叶张完整，见图2-28。

图2-26　正山小种外形　　　图2-27　正山小种冲泡　　　图2-28　正山小种叶底

祁门红茶

✔ 产地详情

　　产于安徽省黄山市祁门县。

✔ 茶叶介绍

　　工夫红茶是中国特有的红茶，在正山小种的基础上发展而来。祁门红茶是中国传统工夫红茶中的珍品，所采茶树为"祁门种"。祁门红茶以外形苗秀、色有"宝光"和香气浓郁而著称，具"香高、味醇、形美、色艳"四绝。祁门红茶于1875年创制，有一百多年的生产历史，是中国传统出口商品，也被誉为"王子茶"，还被列为我国的国事礼茶，与印度的大吉岭红茶、斯里兰卡的乌瓦红茶并称为"世界三大高香茶"。

　　祁门红茶的品质超群，与其优越的自然生态环境条件密切相关。祁门多山脉，峰峦叠嶂、土质肥沃、气候温润，茶园位置有天然的屏障，又有酸度适宜的土壤，因此能培育出优质的祁门红茶。

✓ 品质特点

外形：条索紧细，苗秀显毫，见图 2-29。

色泽：乌褐油润。

汤色：红艳透明，见图 2-30。

香气：甜香中透兰花香。

滋味：甜醇鲜爽。

叶底：红亮柔嫩，见图 2-31。

图 2-29　祁门红茶外形　　图 2-30　祁门红茶汤色　　图 2-31　祁门红茶叶底

九曲红梅

✓ 产地详情

产于杭州市西湖区周浦公社湖埠、上堡、张余、冯家、社井、上阳、下阳、仁桥一带，尤以湖埠大坞山所产者为妙品。

大坞山高 500 多米，山顶为一盆地，沙质土壤，土质肥沃，四周山峦环抱，林木茂盛，遮风避雪，掩映烈阳；地临钱塘江，江水蒸腾，山上云雾缭绕，茶树栽植其间，根深叶茂，芽嫩茎柔，品质优异。

✓ 茶叶介绍

九曲红梅简称"九曲红"，因色红、香清如红梅，故称九曲红梅，是杭州西湖区另一大传统拳头产品，与西湖龙井齐名。九曲红梅源出武夷山九曲。相传，太平天国时期时局动荡，战事殃及闽北、浙南一带，福建武夷山和浙江平阳、天台、温州等地的农民为躲避战乱，不得已背井离乡，其中有一部分人就到了杭州大坞山一带，落户生根，开荒种粮。他们来自武夷山，便把家乡种茶、制茶的技术传播了过来，因家乡有一"九曲溪"，为了纪念家乡，于是取名为九曲红梅。九曲红梅为浙江著名红茶，更被誉为浙江茶区"万绿丛中一点红"。著名的弘一法师曾赋诗"白玉杯中玛瑙色，红唇舌底梅花香"来赞美九曲红梅独特的梅花香。

✔ 品质特点

　　外形：条索细长，见图2-32。

　　色泽：乌黑油润，金毫显露。

　　汤色：橙红明亮，见图2-33。

　　香气：馥郁带果香。

　　滋味：甜醇。

　　叶底：嫩软红明，见图2-34。

图2-32　九曲红梅外形　　　　图2-33　九曲红梅汤色　　　　图2-34　九曲红梅叶底

武陵红茶

✔ 产地详情

　　产于湖南省常德市武陵山区一带。

✔ 茶叶介绍

　　武陵红茶的产地常德市地处北纬28°～30°，为世界公认的黄金产茶带，土壤富硒富磷，为茶树的生长提供了良好的条件。武陵红茶曾在中国红茶历史上树立丰碑，历经千年的"茶船古道"文化，武陵红茶得以借水运优势走海上丝绸之路出口，一度占中国出口工夫红茶销售量的40%左右。武陵红茶历史悠久、品质优异，在"宜红"工艺的基础上不断创新，造就其独特的花果香风味，品茶爱好人士对武陵红茶给出了18个字评价：花果香，有机茶，汤金黄，叶红亮，味甜爽，回甘快。

✔ 品质特点

　　外形：条索紧细，见图2-35。

色泽：乌润，金毫显露。

汤色：金黄，见图2-36。

香气：香气浓郁，带花果香。

滋味：甜醇爽口，回甘快。

叶底：红亮，见图2-37。

图2-35　武陵红茶外形　　　图2-36　武陵红茶汤色　　　图2-37　武陵红茶叶底

臻溪金毛猴

✓ **产地详情**

产于湖南省武陵山脉一带。

✓ **茶叶介绍**

主要采用武陵山脉上单芽或一芽一叶的初展无杂质新鲜茶青，汲取中国青茶、红茶、黑茶的核心技艺，集中国茶关键工艺于一身，所制茶品外形条索紧细略带弯勾，隽茂、重实，密披金黄色茸毛；茶汤香气鲜爽，微有花果香；汤色红艳明亮，入口滋味醇厚；香气浓郁高长，回味甘甜爽滑；叶底红软明亮，色泽通透。2012年，金毛猴正式在国内上市，通过了国家相关部门的审定，获得首个可长期储存的湖南红茶标准。2015年，臻溪金毛猴荣获意大利米兰世博会金骆驼奖。2018年，湖南红茶代表作"金毛猴"亮相中国国际茶叶博览会并获得金奖。

✓ **品质特点**

外形：条索紧细略带弯勾，隽茂、重实，见图2-38。

色泽：乌润，金毫显露。

汤色：红艳明亮。

香气：香气浓郁，带花香。

滋味：甘甜爽滑。

叶底：红软明亮。

臻溪金毛猴外包装见图 2-39。

图 2-38　臻溪金毛猴外形

图 2-39　臻溪金毛猴包装

执行

任务一　推荐正山小种

✏ Step1 介绍推荐的茶品名称

正山小种又称"桐木关小种""拉普山小种"，为世界红茶的鼻祖，是用松针或松柴熏制而成的。

✏ Step2 介绍该茶的相关信息

从历史文化、产地、种植环境、加工方法、茶品规格、生产年份、零售价格等角度介绍茶品信息。

✏ Step3 介绍该茶的品质特点

正山小种外形条索紧细，色泽乌黑油润稍有金毫，传统工艺制作的小种红茶带有松烟香；冲泡后汤色橙红透亮，有明显的"金圈"；香气持久，滋味醇和顺滑，宛如桂圆汤，放置一段时间后会出现"冷后浑"现象；耐泡度高，层次感分明。

✔ **Step4 询问引导**

介绍完茶品后要询问顾客意见，如果顾客对该产品产生了兴趣，就可以进行茶品冲泡；如果表示不感兴趣或不需要，继续推荐其他茶品。

任务二 红茶的冲泡

通常，红条茶适合清饮，红碎茶适合调饮。调饮红碎茶时，要注重体现茶汤的"浓强"度，需根据不同人群的口味进行拼配，可在茶汤中加入适当的牛奶和白砂糖制成甜润可口的奶茶，或者柠檬汁等调制成清新的果茶。清饮则比较注重茶汤的甜醇度。

✔ **Step 1 备具**（见图 2-40）

清饮可用玻璃杯或瓷盖碗冲泡后，用白瓷、玻璃等品茗杯品饮；调饮时多采用带过滤装置的紫砂壶和瓷壶。

图 2-40 备具

✔ **Step 2 投茶**（见图 2-41）

单杯泡饮时茶水比例为 1∶50，可视茶原料及个人口感调整；分杯泡饮时一般采用 1∶40 的茶水比；壶泡可采用 1∶60～80 的比例。

图 2-41　投茶

Step 3 煮水

90℃～100℃，视原料和类别而定。

Step 4 冲泡（见图 2-42）

原料细嫩的工夫红茶，通常将开水凉至 90℃左右冲泡；红条茶一般要用 100℃的水来冲泡，冲水后马上加盖焖茶。冲泡频次与绿茶冲泡基本相似，一般也是 2min 左右饮用为宜，每次在杯中还余有三分之一的茶汤时续水，2～3 次后即可换茶叶。分杯泡时第一泡 1min 可将茶汤倾入杯中，第二泡起每一泡增加 15s 左右，一般冲泡 3 次后香味变淡，即可换茶。红碎茶茶汤浸出率高，一般只泡一次，浸泡 3～5min 出汤。

图 2-42　冲泡

任务三　牛奶红茶的制作

↗ Step 1 准备茶汤

①向壶中注入少量开水，温烫紫砂壶。
②将烫壶的水倒入公道杯中温杯，再倒入品茗杯中。
③向紫砂壶内投入适量红碎茶，注入100℃的开水，盖上盖，浸泡5min。
④利用泡茶的时间将瓷杯中的水依次倒掉。
⑤待时间到，将茶汤滤入公道杯中。

↗ Step 2 茶奶混合（见图2-43至图2-45）

①将另一个公道杯中的热牛奶倒入茶汤中。
②将两个公道杯轮回倒换，便于茶汤和牛奶充分混合。

图2-43　将牛奶倒入茶汤　　　图2-44　将牛奶和茶汤混匀　　　图2-45　分奶茶

↗ Step 3 分杯品尝

将奶茶倒入各个瓷杯中品饮即可。可依据个人口味加入方糖。

项目三 黑茶推介

知识准备

一、黑茶概述

黑茶是中国特有的茶类，产销历史悠久，产销区广，消费量大，品种花色多样；经过再加工的紧压茶外形各异，有饼形、柱形、坨形、颗粒形等；颜色呈黑褐或乌褐色，储藏一段时间后呈现出独有的陈香味。黑茶一般采用较成熟的原料制作，经过杀青、揉捻、渥堆、干燥等加工工艺，属于后发酵茶。渥堆是黑茶加工的关键工序，其主要作用是利用微生物的酶促作用、湿热环境的水热作用以及化学的氧化还原反应三个方面使茶叶的内含成分发生改变，形成黑茶叶色黑褐、滋味醇和、香气纯正、汤色红黄明亮的品质特点。

二、黑茶的品类

黑茶是中国的特色茶品，主要产自湖南、云南、湖北、四川、广西、陕西等省（区），主要品类有茯砖茶、花卷茶（千两茶系列）、黑砖茶、花砖茶、湘尖茶系列、普洱茶、康砖茶、金尖茶、青砖茶、六堡茶等。

湖南黑毛茶一般以一芽四五叶鲜叶为原料，经杀青、初揉、渥堆、复揉、干燥等5道工序制作而成。湖南成品黑茶主要分类为"三尖"，即天尖、贡尖、生尖；"三砖"，即黑砖、花砖、茯砖；"一花卷"，即为千两茶，按其规格最普遍的有十两茶、百两茶、千两茶。千两茶也是湖南的特色黑茶，享有"世界茶王"的盛誉，其加工技艺已经被列为中国非物质文化遗产。

湖北老青砖，也称"老青砖""川字茶"，主要产于湖北省咸宁市的赤壁、崇阳。主要工艺在于先晒青，然后进行渥堆、干燥成为黑毛茶，再压制成品。

四川边茶依据销路不同分为南路边茶和西路边茶。南路边茶主要以雅安为制造中心，雅安、荥经、天全、名山4县市为主要产地，主销西藏地区，也称为"藏茶"。西路边茶以都江堰为制造中心，原料主要产自灌县、重庆、大邑、北川等地，专销松潘、理县、茂县、汶川和甘肃部分地区，目前主产茯砖和方砖。

广西六堡茶因产于广西自治区苍梧县的六堡乡而得名，目前除了苍梧为主产区外，贺县（现为贺州市八步区）、岭溪、横县、玉林、临桂、兴安等地也有一定规模的生产。

云南普洱茶产于云南省的西双版纳即思茅等地，因集中在普洱市加工、销售而命名为"普洱茶"。现普洱茶根据国家标准《地理标志产品普洱茶》（GB/T 22111—2008），将其定义为以地理标志保护范围内的云南乔木大叶种晒青茶为原料，并在地理标注保护范围内采用特定加工工艺制成，具有其独特的品质特征。按其加工工艺，普洱茶分为普洱生茶与普洱熟茶两种。其中，普洱生茶属于绿茶，普洱熟茶属于黑茶。

陕西泾阳是茯茶的发源地。但陕西属于西北地区，不适合茶树生长，因而当地不产茶叶，其原因在于此地是历史丝绸之路的重要贸易销售区，尤其在唐朝中期，这里是内地与塞外进行茶马交易的繁华之地。这里制作茯茶的原料主要来自湖南安化，经过陆运（茶马古道）和水运（资水）运达陕西泾阳。因当时工艺讲究，茯茶须在三伏天压制，因此最初也称"伏茶"。茯茶因其独特的品质特征而深受西北及塞外人民的喜爱，当地生产难以满足市场销量，后来在技术人员的指导下，通过反复试验和摸索，成功转移至湖南安化进行大规模加工生产。如今泾阳仍保留着茯茶加工，在当地政府的重视和支持下，形成了一定的规模。

三、黑茶与健康

在过去，黑茶主要以边销茶为主，黑茶是边疆少数民族生活中不可或缺的饮料，被少数民族称为"生命之饮"。生活在边疆的很多同胞每天都会食用大量的牛肉、羊肉等高能量的食物，且常饮青稞酒等高热量饮料，他们必须借助像黑茶之类消食化腻的饮料来维持人体的代谢平衡。因此，在边疆同胞的心中，他们"宁可一日无食，不可一日无茶""一日无茶则滞，三日无茶则病"。而今，黑茶因其具有"消食、解腻、助消化，降血压、血脂"等功效，引起饮者的关注，黑茶产销恢复性增长，也开始大量内销，甚至出口国外，具有广阔的市场前景。

四、名品鉴赏

湖南千两茶

✓ **产地详情**

产于湖南省安化县云台山。

✓ **茶叶介绍**

千两茶是湖南安化的一种传统名茶，以每卷（支）的茶叶净含量合老秤一千两而得名。因为外表的篾篓包装呈花格状，故又名"花卷茶"。

千两茶的加工技术性强，工艺保密。1952年，湖南省白沙溪茶厂独家掌握了千两茶加工工艺。但由于千两茶的全部制作工序均由手工完成，劳动强度大，工效低，白沙溪茶厂始创了以机械生产花卷茶砖取代千两茶，停止了千两茶的生产。后来白沙溪茶厂唯恐千两茶加工技术失传，又聘请了老技工回厂带学徒，恢复了传统的千两茶生产。1998年，白沙溪茶厂获批国家专利，从而使白沙溪茶厂成为全国唯一合法生产千两茶的厂家。

优质的千两茶呈圆柱体形，每支净重约36.26千克，连皮为38.5～39千克，压制紧密细致，无蜂窝巢状，茶叶紧结或有"金花"。如果重量超过40千克或低于35千克，茶体有裂纹、中心发乌、无光泽、晦暗，则是质劣的千两茶。

✓ **品质特点**

外形：呈圆柱形，一般长1.5～1.65米，直径0.2米左右，见图2-46和图2-47。

图2-46　千两茶

图2-47　千两茶锯面

色泽：通体乌黑有光泽，紧细密致。

香气：陈香悠长，带松烟香、菌花香。

汤色：橙黄或橙红，明亮透彻。

滋味：新茶微涩，陈茶甜润醇厚。

叶底：黑褐嫩匀，叶张较完整。

湖北青砖茶

✓ 产地详情

产于湖北省咸宁地区的赤壁、咸宁、通山、崇阳、通城等县。

✓ 茶叶介绍

青砖茶属黑茶种类，是以湖北老青茶为原料，经压制而成的。1890 年前后，在蒲圻（今湖北省赤壁市）羊楼洞开始生产炒制的篓装茶，即将茶叶炒干后打成碎片，装在篾篓里（每篓 2.5 千克）运往北方，称为炒篓茶。以后发展为以老青茶为原料经蒸压制成青砖茶。

图 2-48 青砖茶

青砖茶的压制分洒面、二面和里茶三个部分：最外一层称洒面，原料的质量最好；最里面的一层称二面，质量次之；这两层之间的一层称里茶，质量相对稍差。传统青砖茶外形为长 34 厘米、宽 17 厘米、高 4 厘米的长方形，重 2 千克。

优质青砖茶砖面光滑、棱角整齐、紧结平整、色泽青褐、压印纹理清晰（见图 2-48），砖内无黑霉、白霉、青霉等霉菌。经过适当存放的陈年青砖茶品质更佳，具有浓郁纯正的陈香气，并含有发酵菌香。在特定条件下陈年青砖茶还可有明显的杏仁香气。

✓ 品质特点

外形：呈长方形，端正光滑，厚薄均匀，酷似青砖。

色泽：青褐油润。

汤色：红黄尚明。

香气：纯正馥郁。

滋味：味浓可口，陈茶滋味甘甜。

叶底：暗黑粗老。

广西六堡茶

✓ 产地详情

原产于广西壮族自治区苍梧县大堡乡而得名。现在六堡茶产区相对扩大，分布在浔江、郁江、贺江、柳江和红水河两岸，主产区是梧州地区。

✓ 茶叶介绍

六堡散茶（见图 2-49）是采摘一芽二叶、三叶或一芽三叶、四叶，经杀青、揉捻、沤堆、复揉、干燥五道工序，未经压制成型，保持了茶叶条索的自然形状，而且条索互不黏结。六堡茶耐于久藏、越陈越香。

图 2-49　六堡散茶

六堡茶素以"红、浓、陈、醇"四绝著称，品质优异，风味独特。由于其汤色红浓明亮，给人感觉温暖、喜庆，因而被赋予"中国红"的文化韵味和民族特色，寄寓着平安喜庆、和谐团圆、兴旺发达，使其声名远播，尤其是在海外侨胞中享有较高的声誉。

✓ 品质特点

外形：条索肥壮，呈圆柱形，长整尚紧。

色泽：黑褐光润。

汤色：红浓明亮。

香气：纯正醇厚，具有槟榔香和松烟香。

滋味：甘醇甜滑，爽口回甘。

叶底：呈铜褐色。

宫廷普洱茶

✓ 产地详情

产于云南昆明市、西双版纳傣族自治州。

✓ 茶叶介绍

宫廷普洱茶是普洱茶的一种，在古代专门进贡给皇族享用。据清阮福《普洱茶记》记载："于二月间采蕊极细而白，谓之毛尖，以作贡，贡后方许民间贩卖。"如今宫廷普洱已不再那么神秘和高贵，但作为一种上好的茶叶，它的制作依旧颇为严格，必须选取二月份上等野生大叶乔木芽尖中极细且微白的芽蕊，经过杀青、揉捻、晒干、渥堆、筛分等多道复杂的工序，才最终制成优质茶品。

✓ 茶叶特色

外形：条索紧细，匀净完整，见图 2-50。

色泽：褐红油润，且带有金色的毫毛。

汤色：红浓明亮。

香气：陈香浓郁。

滋味：浓醇细腻，爽口回甘。

叶底：褐红细嫩，亮度好。

图 2-50　宫廷普洱茶

执行

任务一　推荐千两茶

Step1 介绍推荐的茶品名称

湖南的千两茶，以其大气的造型、独有的滋味、原生态的包装，受到广大消费者的喜爱，其重 36.25 千克，一般长 1.5 ~ 1.65 米，拥有"世界茶王"的美誉。

✒ Step2 介绍该茶的相关信息

从产地、种植环境、加工方法、茶品规格、生产年份、零售价格等角度介绍茶品信息。

✒ Step3 介绍该茶的品质特点

千两茶外形紧结，乌黑有光泽，如锯成饼，锯面黄褐，平整光滑无毛糙，无裂纹和细缝。汤色橙黄或橙红，明亮透彻。新茶滋味微涩，陈茶滋味甜润醇厚，陈香悠长。

✒ Step4 询问引导

介绍完茶品后要询问顾客意见，如果顾客对该产品产生了兴趣，就可以进行茶品冲泡；如果表示不感兴趣或不需要，继续推荐其他茶品。

任务二 黑茶的烹制

黑茶可泡饮、可煮饮。煮饮黑茶，将适量黑茶投入盛有山泉水的壶中，煮沸 30s 左右即可关火，直至止沸后，过滤茶渣即可饮用。煮饮方法能够较好体现黑茶的香气，茶汤味道相对醇厚。

✒ Step 1 备具（见图 2-51）

图 2-51 备具

用陶壶或瓷盖碗冲泡，用白瓷、玻璃等品茗杯品饮；如果是茶砖或茶饼，还要准备茶刀。

◢ Step 2 投茶（见图 2-52）

茶水比例为 1∶50 ～ 1∶30（视茶原料及个人口感调整）；原料粗老的黑茶适合烹煮法，茶水比例为 1∶80。

图 2-52　投茶

◢ Step 3 煮水

100℃的沸水冲泡或烹煮。

◢ Step 4 冲泡（见图 2-53）

图 2-53　冲泡

冲泡黑茶一般需快速润茶 1～2 次，前几泡都宜及时出汤，后几泡一般根据茶叶年限、品质酌情掌握冲泡时间。一般可冲泡 7 次以上。

任务三　黑茶的品饮

✒ Step 1 观汤色（见图 2-54）

为了更好地观赏黑茶的汤色，一般选用白瓷或透明的品茗杯。端品茗杯，观赏黑茶的汤色，汤色橙黄或橙红，明亮透彻。

图 2-54　观汤色

✒ Step 2 闻香气（见图 2-55）

端杯闻香，如果是陈年黑茶，可以体会到长期储存过程中的"陈香"。

图 2-55　闻香气

✒ Step 3 尝滋味（见图 2-56）

黑茶的香气藏在味道里，小口慢慢品味，如果茶汤温度过高，可以薄薄地吸啜品茗杯最上层的茶汤。

图 2-56　尝滋味

项目四 青茶推介

知识准备

一、青茶概述

青茶又叫乌龙茶，是我国六大茶类之一。乌龙茶属于半发酵茶叶，乌龙茶经过萎凋、做青、揉捻、干燥而成，从而形成了乌龙茶的独特风格。冲泡后，将叶底展开，茶叶边缘有红边，因此，乌龙茶有"绿叶红镶边"之美誉。

青茶起源于明代，据清代陆延灿的《续茶经》（1734）引王草堂《茶说》（1717）谓："武夷茶……采茶后，以竹筐均铺，架于风日中，名曰晒青，俟其青色渐收，然后再加炒焙。"又云"独武夷炒焙兼施，烹出之时，半青半红，青者乃炒色，红者乃焙色"。该篇文献详细地记录了青茶的加工方法和品质特性。萎凋是乌龙茶制作的第一步，一般采用日光萎凋的方式进行，萎凋程度较红茶轻，目的是为做青过程中高香物质的形成奠定基础。青茶的独特工艺是做青，通过摇青与静置控制鲜叶内多酚类化合物的局部缓慢氧化，摇青过程中，茶叶发生四个阶段的变化，即摇匀、摇活、摇红、摇香。炒青的目的是钝化酶活性，阻止酶促反应的继续进行。揉捻是为造型，比如制作铁观音时一般采用包揉的方式进行，以形成铁观音紧结的颗粒状外形。干燥的目的是固定外型和巩固香气。

二、青茶的品类

一般按产地将乌龙茶分为四大类：闽北乌龙、闽南乌龙、广东乌龙和台湾乌龙。闽南乌龙和闽北乌龙都属于福建乌龙茶，因做青程度不同而略有差别。闽南乌龙茶主要有铁观音、黄金桂、闽南水仙、永春佛手等；闽北乌龙茶代表茶有大红袍、武夷肉桂、闽北水仙等。广东乌龙茶产于潮安、饶平、丰顺、蕉岭、平远等地，其主要产品有凤凰水仙、凤凰单丛、岭头单丛等。台湾乌龙茶源于福建，但是福建乌龙茶的制茶工艺传到台湾后有所改变，依据发酵程度和工艺流程的区别可分为轻发酵的文山型包种茶和冻顶型包种茶、重发酵的台湾乌龙茶。

闽北乌龙主要产于福建省北部的武夷山一带。闽北青茶为发酵较重的青茶,主要有武夷岩茶和闽北水仙。武夷岩茶是闽北青茶中品质较佳的一种,花色品种较多,如武夷水仙、大红袍、铁罗汉、白鸡冠、水金龟、武夷肉桂等。

闽南青茶产于福建省南部安溪、永春、南安、同安等地,以安溪产量居多,其中铁观音品质最佳,著名的还有黄金桂、闽南水仙、永春佛手等。此外,由不同茶树品种的鲜叶混合制成的称为"闽南色种",本山、毛蟹、奇兰、梅占、桃仁、佛手、黄旦均可混入。

广东青茶主要产于广东省东部、北部和西部山区,以潮汕梅州和湛江地区为主。主要产品有凤凰水仙、凤凰单丛、岭头单丛、饶平色种、石古坪青茶、大叶奇兰、兴宁奇兰等,以潮安的凤凰单丛和饶平的岭头单丛最为著名。

台湾青茶产于台湾新北市文山区(原台北县文山),源于福建。台湾青茶的发酵程度有轻有重,清香型青茶及部分轻发酵包种茶属轻发酵青茶,色泽青翠,汤色黄绿,花香显著;中发酵青茶主要有冻顶乌龙、木栅铁观音等,色泽青褐,汤色金黄,有花香和甜香;重发酵青茶有白毫乌龙,色泽乌褐,汤色橙红,有蜜糖香和果味香。

三、青茶与健康

乌龙茶内含丰富的生理活性物质,对蛋白质及脂肪有较好的分解作用,是一种具有保健功能的天然饮料。研究表明,乌龙茶具有抗氧化、预防肥胖、预防心血管疾病、防癌抗癌、防龋齿、抗过敏、解烟毒、抑制有害菌、保护神经、美容护肤、延缓衰老等功效。有专家预言,"乌龙茶将是 21 世纪最具发展潜力的茶类"。

四、名品鉴赏

武夷大红袍

✔ *产地详情*

产于福建省武夷山市。

✓ *茶叶介绍*

武夷大红袍是中国茗苑中的奇葩,有"茶中状元"之称,更是岩茶中的王者,堪称国宝。在早春茶芽萌发时，从远处望去，整棵树艳红似火，仿佛披着红色的袍子，这也就是"大红袍"的由来。另一说法极具传奇色彩，相传天心庙的和尚用神茶治好了一位上京赶考举人的病，举人考上状元后，为感谢神茶的救命之恩，回到武夷山脱下身上的红袍披在神树上，"大红袍"由此而得名。

武夷大红袍属于品质特优的"名丛"，各道工序全部由手工操作，以精湛的工作特制而成，时间冗长。传统的工艺有倒（也叫晒）、晾、摇、抖、撞、炒、揉、初焙、簸、捡、复火、分筛、归堆、拼配等十多道工序。关键在于，制茶师傅要会"看青做青""看天做青"，这是机械难以做到的。

✓ 品质特点

外形：条索紧结、壮实、稍扭曲，见图 2-57。

色泽：绿褐或乌褐油润。

香气：香气馥郁，香高而持久。

汤色：橙黄明亮，见图 2-58。

滋味：醇厚，"岩韵"明显，回味甘爽。

叶底：红边或带朱砂色，见图 2-59。

图 2-57　武夷大红袍外形

图 2-58　武夷大红袍汤色

图 2-59　武夷大红袍叶底

铁观音

✓ 产地详情

产于福建泉州市安溪县。

✓ 茶叶介绍

铁观音原产安溪县西坪镇，距今已有 200 多年的历史。铁观音既是茶叶名称，也是茶树品种名。安溪铁观音，又称红心观音。关于铁观音品种的由来，在安溪还流传着"王说"和"魏说"两种说法。安溪铁观音具独特的"音韵"，来自铁观音特殊的香气和滋味。铁观音闻名海内外，被视为乌龙茶中的极品，跻身于中国十大名茶之列，以其香高韵长、醇厚甘鲜而驰名中外，并享誉世界，尤其是在日本市场，两度掀起"乌龙茶热"。成茶多呈螺旋形，色泽砂绿，具有天然兰花香；汤色清澈金黄，味醇厚甜美，入口微苦，立即转甜；耐冲泡，叶底开展，肥厚明亮。

安溪相对的低温、高湿、多云雾、温差大的"微域环境"，十分有利于铁观音的生长。安溪地处茶叶生长黄金纬度，居山而近海，海洋湿润暖气流与山间冷气碰撞形成雾大雨多的天气特征，非常适宜铁观音的生长。此外，安溪海拔 500 至 1000 米之间的山地面积有 1500 平方千米，占全县面积的一半，日夜温差较大，有利于观音韵的形成。安溪境内以红壤或砂质红壤为主，pH值在 4.0 ～ 6.0 之间，土层厚、土体松，有机质、矿物质含量高。独特的安溪，成就了独特的安溪铁观音。安溪铁观音属于半发酵茶类，依发酵程度和制作工艺，大致可以分清香型、浓香型、陈香型等三大类型。有人说，品饮铁观音中的极品——观音王，有超凡入圣之感，仿佛羽化成仙。铁观音名出其韵，贵在其韵，领略"音韵"乃爱茶之人一大乐事，只能意会，难以言传。

✓ 品质特点

外形：卷曲圆结，沉重匀整，见图 2-60。

色泽：砂绿。

汤色：金黄似琥珀，见图 2-61。

香气：兰花香馥郁。

滋味：醇爽甘鲜，回甘久。

叶底：肥厚软亮，见图 2-62。

图 2-60　铁观音外形　　　图 2-61　铁观音汤色　　　图 2-62　铁观音叶底

凤凰单枞

✓ 产地详情

产于广东省潮州市凤凰镇乌岽山茶区。

✓ **茶叶介绍**

凤凰单枞一般指凤凰单丛茶，出产于凤凰镇，因凤凰山而得名。清同治、光绪年间（1875年—1908年），为提高茶叶品质，人们通过观察鉴定，实行单株采摘、单株制茶、单株销售方法，将优异单株分离培植，并冠以树名。当时有一万多株优异古茶树均行单株采制法，故称凤凰单丛茶。凤凰单丛茶现有80多个品系，主要有蜜兰香、芝兰香、黄栀香、桂花香、玉兰香、肉桂香、杏仁香、茉莉香、夜来香、姜花香十大香型。

凤凰单枞的正宗产地以有"潮汕屋脊"之称的凤凰山东南坡为主，分布在海拔500米以上的乌崇山、乌譬山、竹竿山等潮州东北部地区。凤凰单枞为历史名茶，为凤凰水仙种的优异单株，因单株采收、制作，故称单丛，以茶叶在冲泡时散发出浓郁的天然花香而闻名，在滋味上具有独特的"山韵"，使其区别于其他产地单丛茶。凤凰山区濒临东海，茶树均生长于海拔1000米以上的山区，终年云雾弥漫，空气湿润，昼夜温差大，年降水量1800毫米左右，土壤肥沃深厚，含有丰富的有机物质和多种微量元素，有利于茶树的发育及形成茶多酚和芳香物质。

✓ **品质特点**

外形：条索壮实，见图2-63。

色泽：青褐带黄润。

汤色：橙黄清澈，见图2-64。

香气：花香明显，浓烈悠长。

滋味：浓郁醇爽，润喉回甘。

叶底：肥厚，红边绿腹，见图2-65。

图2-63 凤凰单枞外形

图2-64 凤凰单枞汤色

图2-65 凤凰单枞叶底

冻顶乌龙茶

✔ *产地详情*

产于台湾省凤凰山支脉冻顶山。

✔ *茶叶介绍*

冻顶乌龙茶产于台湾省南投县鹿谷乡境内凤凰山支脉的冻顶山上，因而得名，主要是以青心乌龙为原料制成的半发酵茶。传统上，其发酵程度在35～50%左右。制茶过程独特之处在于：烘干后，需再重复以布包成球状揉捻茶叶，使茶成半发酵半球状，称为"布揉制茶"或"热团揉"。

产地海拔700米，土壤富含有机质，年均气温20℃左右，年降水量2200毫米，空气湿度较大，水湿条件良好，终年云雾缭绕。茶园为棕色高黏性土壤，杂有风化细软石，排、储水条件良好，利于茶树的生长。当地的野生茶树早已闻名遐迩。据《台湾通史》记载，"水沙连之茶，色如松萝，能避瘴去暑，而以冻顶为佳，惟出产无多。"

✔ *茶叶特色*

外形：条索紧结弯曲，见图2-66。

色泽：墨绿油润。

汤色：橙黄明亮，见图2-67。

香气：清香带花香。

滋味：甘醇浓厚。

叶底：绿叶红边，见图2-68。

图 2-66 冻顶乌龙外形

图 2-67 冻顶乌龙汤色

图 2-68 冻顶乌龙叶底

执行

任务一 推荐武夷大红袍

✐ Step1 介绍推荐的茶品名称

武夷大红袍，是中国茗苑中的奇葩，生长于岩峰峥嵘、秀拔奇伟的武夷山区内，有"茶中状元"之称。名字来历有多种传说，其中流传最广泛的是相传有个秀才进京去赶考，经过武夷山时病倒了，遇到天心禅寺方丈，被其带回庙中救治，方丈将九龙窠采下的茶树叶子泡成茶给秀才喝，不久后秀才康复了。秀才进京考试高中状元，因此回来报答方丈，同时带了茶叶进京想献给皇上，恰好皇上这时病了，怎么治都不好，后来喝了这个茶，病就好了，于是御赐红袍一件并让状元带去披在树上，同时封为御茶，年年进贡。后来此茶就被称为"大红袍"。

✐ Step2 介绍该茶的相关信息

从产地、种植环境、加工方法、茶品规格、生产年份、零售价格等角度介绍茶品信息。

✐ Step3 介绍该茶的品质特点

武夷大红袍外形条索紧结，色泽乌褐油润，香气馥郁持久，带有花果香，汤色橙黄明亮，耐冲泡，"岩韵"明显。

✐ Step4 询问引导

介绍完茶品后要询问顾客意见，如果顾客对该产品产生了兴趣，就可以进行茶品冲泡；如果表示不感兴趣或不需要，继续推荐其他茶品。

任务二　青茶的冲泡

乌龙茶可以用紫砂壶或瓷盖碗冲泡，陈年老青茶也可以煮饮。现以紫砂壶冲泡为例。

▸ Step 1 备具（见图2-69）

用紫砂壶套组冲泡乌龙茶，便于闻香。冲泡和品饮的杯盏宜小不宜大。小"则香不涣散，味不耽搁"，可以更好地体现乌龙茶的香气和滋味。

图2-69　孟臣沐淋

▸ Step 2 投茶（见图2-70）

茶水比例为1：20～1：30（视茶原料及个人口感调整）。

图2-70　投茶（乌龙入宫）

Step 3 煮水

100℃的沸水冲泡。

Step 4 冲泡

冲泡青茶一般需快速出汤，视茶品发酵程度的深浅而定。例如，铁观音类轻发酵的乌龙茶，第一泡可浸 40 秒后出汤，第二泡浸 30 秒，第三四泡浸 15 秒左右出汤；若为重发酵的乌龙茶，如武夷岩茶，则需即冲即出汤，而后视具体情况确定浸泡时间。后几泡一般根据茶叶年限、品质酌情掌握冲泡时间。一般可冲泡 7 次以上，即所谓"七泡有余香"。

乌龙茶冲泡过程见图 2-71 至图 2-74。

图 2-71 乌龙出宫

图 2-72 龙凤呈祥

图 2-73 龙飞凤舞

图 2-74 敬奉香茗

任务三 青茶的品饮

Step 1 观汤色（见图 2-75）

为了更好地观赏青茶的汤色，一般选用白瓷或透明的品茗杯。端品茗杯，观赏青茶的汤色，汤色橙黄或橙红，明亮透彻。

图 2-75　观汤色

◢ **Step 2 闻香气（见图 2-76）**

端杯闻香，乌龙茶香高持久，馥郁悠长。

图 2-76　闻香气

◢ **Step 3 尝滋味（见图 2-77）**

轻啜一口，唇齿留香，滋味醇厚，可使用啜茶法使茶汤在口中翻滚，以更好地感受茶汤中的香气。

图 2-77　尝滋味

项目五　白茶推介

知识准备

一、白茶概述

白茶始产于福建，因其外表满披银毫呈银白色而得名。白茶的加工步骤分萎凋和干燥两步，工艺虽然简单，但技术要求高。其中，萎凋是白茶加工的关键步骤。萎凋过程中大分子物质如蛋白质、淀粉、不溶性原果胶物质开始发生降解，小分子葡萄糖、氨基酸、可溶性果胶等有利于成茶品质的物质增多，多酚类化合物轻度而缓慢地氧化，从而形成白茶特有的品质。白茶的制作过程中没有揉捻工序，细胞破损率低，茶汁浸出较慢。正是这种独特的制法，使得茶叶本身酶的活性没有被破坏，保留了茶的清香、鲜爽。

白茶属于轻微发酵茶，其品质特征是茶芽肥壮、满披白毫，内质香气清鲜，滋味鲜爽微甜；汤色清澈透亮，呈浅杏黄色。目前我国白茶主要产于福建省的福鼎、政和等地，湖南、云南、台湾也有少量白茶出产。著名的白茶品种有白毫银针、白牡丹、月光白等。

二、白茶的品类

白茶通常按茶树品种和采摘嫩度分类。

（1）按茶树品种分类

白茶最早采用菜茶茶树（指用种子繁殖的茶树群种），逐渐选用水仙、福鼎大白、政和大白、福鼎大毫、福安大白、福云六号等茶树品种的芽叶制作而成，故而白茶可按照所采摘的茶树品种不同进行分类：采自政和大白等大白茶树品种的称为"大白"；采自菜茶茶树品种的称为"小白"；采自水仙茶树品种的称为"水仙白"。从白茶的发展史看，先有小白，后有大白，再有水仙白。

（2）按采摘嫩度分类

白茶依鲜叶的采摘标准不同分为银针、白牡丹、贡眉和寿眉。其中，银针属"白芽茶"，白牡丹、贡眉、寿眉属"白叶茶"。白芽茶是用大白茶或其他茸毛特多品种的肥壮芽头制成的白茶，即"银针"，要采摘第一真叶刚离芽体但尚未展开的芽头制作，代表产品是"白毫银针"。白叶茶是指用芽叶茸毛多的品种制成的白茶，采摘一芽二三叶或单片叶，经萎凋、干燥而成，主要产于福建福鼎、政和、建阳等地。采用嫩尖芽叶制作，成品冲泡后形态有如花朵的称为"白牡丹"；采自菜茶群体的芽叶制成的成品称为"贡眉"；制作"银针"时采下的嫩梢经"抽针"后，用剩下的叶片制成的成品称为"寿眉"。

三、白茶与健康

白茶是我国茶类中的特殊珍品，其独特的加工工艺，在很大程度上保留了茶叶中的营养成分。在原产地的百姓自古就有用白茶下火、清热毒、消炎症、发汗、去湿、舒滞、避暑，治风火、牙疼、高烧、麻疹等杂疾。

近些年，消费者开始追捧"陈年白茶"。通常所说储存多年的白茶，其中的"多年"是指在一个合理的保质期内。在存放过程中，茶叶内部成分缓慢地发生着变化，香气成分逐渐挥发，汤色逐渐变红，滋味变得醇和，茶性也逐渐由凉转温。

白茶除了可以用于食品行业和保健品行业外，还可以用于护肤品行业，可以与现有的防晒方法结合使用以便达到更好的防晒效果。白茶有着抗菌消炎和解毒的作用，还可以作为一种解毒药物用于医药行业。近年来越来越多的人开始注意到白茶的保健功效，并在市场上掀起"白茶热"。

四、名品鉴赏

<u>白毫银针</u>

✔ 产地详情

产于福建省宁德市福鼎市、南平市政和县。

✔ 茶叶介绍

白毫银针，简称银针，素有茶中"美女"之称，由于鲜叶原料全部是茶芽，使得成茶形状似针，白毫密被，色白如银，因而得名。白毫银针的干茶令人赏心悦目，冲泡后杯中的景观也情趣横生。茶在杯中冲泡，即出现白云疑光闪，满盏浮花乳，芽芽挺立，蔚为奇观。

白毫银针采用福鼎大白茶、福鼎大毫茶、福安大白茶、政和大白茶等大白茶或老福建水仙茶树品种肥壮芽头制作而成。产于福鼎的多采用烘干方式，亦称之为"北路银针"；产于政和的多采用晒干方式，亦称之为"南路银针"；采用普通茶树品种单芽制作的称为"土针"。

✔ 品质特点

外形：茶芽肥壮，见图 2-78。

色泽：满披白毫。

香气：毫香明显。

汤色：浅黄明亮，见图 2-79。

滋味：鲜醇甘鲜。

叶底：肥壮嫩匀，见图 2-80。

图 2-78　白毫银针外形　　　图 2-79　白毫银针汤色　　　图 2-80　白毫银针叶底

白牡丹

✔ 产地详情

产于福建省南平市政和县、松溪县、建阳区及福鼎市。

✔ 茶叶介绍

白牡丹以绿叶夹银白色毫心，形似花朵，冲泡之后绿叶托着嫩芽，宛若蓓蕾初开而得名，是福建省历史名茶。干茶叶色黛绿或墨绿，银色芽毫显露，叶背满披白毫，绿面白底，因此又称"天蓝地白"或"青天白地"；叶面、叶脉、节间枝梗色泽有别，呈"绿叶红筋"，因而又以"红装素裹"形容。制茶时要求叶张肥嫩且波纹隆起，叶背垂卷，忌断碎，叶色忌草绿、红黑。内质毫香显著，味鲜醇，不带青气和苦涩味；汤色杏黄，清澈明亮；叶底浅绿，绿面白底，叶脉微红。其中，"大白"叶张肥壮，毫心肥大，色泽黛绿，香味鲜醇；"水仙白"叶张肥大，毫心长而肥壮，叶色墨绿，香气清芬甜醇。

制造白牡丹的原料主要为政和大白茶和福鼎大白茶良种茶树芽叶，有时采用少量水仙品种茶树芽叶供拼配之用。选取的原料要求白毫显著，芽叶肥嫩。传统采摘标准是春茶第一轮嫩梢采下一芽二叶，芽与二叶的长度基本相等，并要求"三白"，即芽、一叶、二叶均要求满披白色茸毛。

白牡丹创制于福建省建阳县（现为南平市建阳区）水吉乡，1922年政和县亦开始制作，逐渐成为本品的主产区，远销越南，现主销我国香港、澳门及东南亚地区，有退热祛暑之功效，为夏日佳饮。

✓ 品质特点

外形：两叶抱一芽，叶态自然舒展，芽叶连枝，见图2-81。

色泽：灰绿有光泽。

汤色：杏黄明亮，见图2-82。

香气：毫香浓显，清鲜纯正。

滋味：鲜爽清甜。

叶底：芽叶连理成朵，见图2-83。

图 2-81 白牡丹外形

图 2-82 白牡丹汤色

图 2-83 白牡丹叶底

月光白茶

✓ 产地详情

产于云南省思茅地区。

✓ 茶叶介绍

月光白又名月光美人，也被称为月光白茶、月光茶，是普洱茶中的特色茶。月光白奇香无比，形状奇异，上片白、下片黑，犹如月光照在茶芽上。汤色先黄后红再黄，清凉透彻。一经冲泡，香气四溢，入口后，回甘无穷。具有乌龙的清香，又具普洱茶的醇厚，滋味奇特，是值得品尝和收藏的上佳茶品。

月光白的采摘手法独特，须在月光下制作，每批茶叶的粗制要在一天内完成。其名来历说法不一。一种说法是：此茶采用了特殊的制作工艺，制成的茶，叶面呈黑色，叶背呈白色，黑白相间，叶芽显毫白亮，像一轮弯弯的月亮，一芽二叶整体看起来就像黑夜中的月亮，故得名"月光白"。另一种说法是：此茶在夜里，就着明月的光亮，采摘嫩芽为原料，并且从采收到加工完成，均不见阳光，而仅在月光下慢慢晾干，采茶人均为当地美貌年轻少女，故得名"月光美人"。美丽的传说总是给人以无尽的想象空间，月光白很容易获得消费者的青睐。

月光白经轻度发酵，减轻了鲜叶中的苦涩成分，形成口感柔美、清香、甜润，苦涩较弱，特殊的工艺使其保留了茶叶里的大量营养成分，功效特殊。因原料是云南大叶种茶，所以比起小叶种制的白茶，营养成分、水溶性物质更高，更加耐泡，八、九泡之后，清香犹存，汤色黄亮。

✓ 品质特点

外形：自然舒展，芽叶连枝，见图 2-84。

色泽：黑褐光润。

汤色：青黄明透，见图 2-85。

香气：馥郁缠绵，带蜜香和花香。

滋味：醇厚饱满，香醇温润。

叶底：肥厚柔软，见图 2-86。

图 2-84　月光白外形

图 2-85　月光白汤色

图 2-86　月光白叶底

桑植白茶

✓ 产地详情

产于湖南省张家界市桑植县。

√ 茶叶介绍

桑植白茶是湖南省张家界市桑植县特产，是国家地理标志证明商标。桑植县产茶历史悠久，清同治十一年（1872 年）《桑植县志》有"四邑皆产，县属具多，味颇厚，谷雨前采摘，细者亦名旗枪"的记载。桑植县地处武陵山脉北麓，鄂西山地南端，最高海拔在八大公山主峰斗篷山，有 1890.4 米。桑植县因地貌差异大，气候变化呈垂直规律，"一山有四季，十里不同天"。

桑植县是我国白族的第二大聚居地区，曾长期自称"民家人"。白族三道茶，白族称它为"绍道兆"，已成为白族民间婚庆、节日、待客的茶礼。桑植白茶结合白族文化特色，继承传统晾制工艺，进行六大茶类的工艺融合与创新，融入"晒青、晾青、摇青、提香、压制"工艺，创新优化"养叶、走水、增香"工艺参数，产品初泡花香甜香交融，复泡甜香花香起伏。桑植白茶按照"风花雪月"系列制定分级新标准：月系列原料以芽头为主，雪系列原料以一芽一叶为主，花系列原料以一芽二叶为主，风系列以一芽三四叶为主。

√ 茶叶特色

外形：芽头挺秀，见图 2-87。

色泽：灰绿，白毫显。

汤色：杏黄，见图 2-88。

香气：毫香明显。

滋味：清甜。

叶底：嫩匀，见图 2-89。

图 2-87　桑植白茶外形

图 2-88　桑植白茶汤色

图 2-89　桑植白茶叶底

执行

任务一　推荐白毫银针

✐ Step1 介绍推荐的茶品名称

白毫银针芽头肥壮，色白如银。冲泡后在杯中芽芽挺立，如出水芙蓉，亭亭玉立，蔚为奇观。

✐ Step2 介绍该茶的相关信息

从产地、种植环境、加工工艺、茶品规格、生产年份、零售价格等角度介绍茶品信息。

✐ Step3 介绍该茶的品质特点

白毫银针茶芽肥壮，满披白色茸毛，色泽灰绿，白毫密布如银；条长挺直，如棱如针；汤色清澈，呈浅杏黄色；入口毫香显露，甘鲜清醇。

✐ Step4 询问引导

介绍完茶品后要询问顾客意见，如果顾客对该产品产生了兴趣，就可以进行茶品冲泡；如果表示不感兴趣或不需要，继续推荐其他茶品。

任务二　白茶的品饮

白茶可泡饮，老白茶可煮饮。煮饮老白茶时，将适量白茶投入盛有山泉水的壶中，煮沸30秒左右即可关火，直至止沸后，过滤茶渣即可饮用。煮饮方法能够较好体现老白茶的香气，茶味道相对醇厚。日常生活中，多以泡饮为主。泡饮白茶步骤如下。

✔ **Step 1 备具**（见图 2-90）

用瓷盖碗冲泡，用白瓷、玻璃等品茗杯品饮；如果是茶饼，还要准备茶刀。

图 2-90　备器

✔ **Step 2 投茶**（见图 2-91）

茶水比例为 1：50～1：30（视茶原料及个人口感调整）。

图 2-91　投茶

✔ **Step 3 煮水**

90℃左右的水温冲泡白茶，100℃的沸水烹煮。

✔ **Step 4 冲泡**（见图 2-92）

茶水比例为 1：30～1：50（视茶原料及个人口感调整）。用盖碗法冲泡时据个人喜好调整浸泡时间。老白茶的黑茶适合烹煮法，茶水比例为 1∶80。

图 2-92　冲泡

任务三　白毫银针的品饮

☞ **Step 1 观汤色**（见图 2-93）

为了更好地观赏白茶的汤色，一般选用白瓷盖碗或透明的品茗杯。端品茗杯，观赏白茶的汤色，汤色杏黄明亮。

图 2-93　观汤色

☞ **Step 2 闻香气**（见图 2-94）

端杯闻香，白茶毫香显著，鲜嫩清雅。

图 2-94　闻香气

Step 3 尝滋味（见图 2-95）

　　白茶的香气以毫香为主，部分新工艺白茶也有花香。轻嗅白茶的香气，曼妙的茶香钻进鼻腔内，清新自然，使人豁然开朗。

图 2-95　尝滋味

项目六 黄茶推介

知识准备

一、黄茶概述

黄茶属轻微发酵茶，其品质特点是"黄汤黄叶"，即不仅干茶色泽黄，汤色黄，叶底也是黄色的。

黄茶粗制基本与绿茶相似，其加工工艺有杀青、闷黄、揉捻、干燥四大步骤。杀青是黄茶品质形成的基础，利用高温，破坏酶活性，并促进内含物的转化，形成黄茶特有的色、香、味。"闷黄"是黄茶特有的工序，也是形成黄色黄汤品质特点的关键工序。从杀青开始至干燥结束，都可以为茶叶的黄变创造适当的湿热工艺条件。但作为一个制茶工序，有的在杀青后闷黄，如沩山白毛尖；有的在揉捻后闷黄，如北港毛尖、鹿苑毛尖、广东大叶青、温州黄汤；有的则在毛火后闷黄，如霍山黄芽、黄大茶。还有的闷炒交替进行，如蒙顶黄芽三闷三炒；有的则是烘闷结合，如君山银针二烘二闷；而温州黄汤第二次闷黄，采用了边烘边闷，故称为"闷烘"。影响闷黄的因素主要有茶叶的含水量和叶温。闷黄过程要控制叶子含水率的变化，要防止水分的大量散失。闷黄时间长短与黄变要求、含水率、叶温密切相关。闷黄时茶坯在湿热条件下发生热化学反应，从而促使多酚类物质进行部分自动氧化。干燥时温度掌握比其他茶类偏低，且有先低后高之趋势。这实际上是使水分散失速度减慢，在湿热条件下，边干燥、边闷黄。沩山白毛尖的干燥技术与安化黑茶相似；霍山黄芽、皖西黄大茶的烘干温度先低后高，尤其是皖西黄大茶，拉足火过程温度高、时间长，色变现象十分显著，色泽由黄绿转变为黄褐，香气、滋味也发生明显变化，对其品质风味形成产生重要的作用。

二、黄茶的品类

黄茶按照原料的老嫩程度不同，分为黄芽茶、黄小茶和黄大茶。

（1）黄芽茶

以单芽制作，如君山银针、蒙顶黄芽、霍山黄芽等。

（2）黄小茶

黄小茶的鲜叶采摘标准为一芽一二叶，有湖南沩山毛尖和北港毛尖，湖北的远安鹿苑茶，浙江的平阳黄汤，皖西的黄小茶等。

（3）黄大茶

黄大茶的鲜叶采摘标准为一芽三四叶或一芽四五叶。产量较多，主要有安徽霍山黄大茶和广东大叶青。

选购黄茶时首先看黄茶条索的轻重、松紧和粗细，以及匀整度。优质黄茶的条索相对紧结，以外形挺直匀实、茸毛显露、叶片匀整者为佳，粗松、轻飘者为劣。条索紧结完整干净，无碎茶或碎茶少，干茶和茶汤色泽黄亮为佳；如果干茶枯灰黄绿，茶汤黄褐浑浊，条索粗松，色泽杂乱，碎茶、粉末茶多，甚至还带有茶籽、茶果、老枝、老叶、病虫叶、杂草、等夹杂物，此类茶视为次品茶或劣质茶。

品茶时，要看汤色、闻香气、品滋味。利用人的嗅觉来辨别黄茶是否带有酸馊、陈味、霉味、日晒味及其他异味。优质黄茶冲泡后毫香明显、清香优雅，滋味鲜醇回甘；次品茶和劣质茶则不明显或夹杂异味，汤色暗沉浑浊，滋味欠佳。在黄茶的加工过程中，如果加工条件（如温度、湿度）和加工技术（如萎凋、发酵等）控制不当，或者因黄茶成品储藏不当，就会影响黄茶的香气和滋味。

三、黄茶与健康

国家植物功能成分利用工程技术研究中心主任、湖南农业大学茶学教育部重点实验室教授刘仲华用一系列科学研究为佐证，高度总结了黄茶的三大保健功效，即养胃、润肺和降糖。

其一，黄茶可以使肠道菌群的结构优化，让人的消化吸收代谢系统能够更加有序温和地进行。

其二，在空气污染的环境中，或是经常抽烟，对人的呼吸系统都会有一定的伤害，品饮黄茶可以润肺、降低伤害。

其三，黄茶独特的物质组成，在降血糖上面有两个方面的作用：第一个是能够刺激 β 细胞，更多地分泌胰岛素；第二个是能够改善人体对于胰岛素的抵抗作用。这两个方面的协同作用，能够使消费者在品饮一定剂量的黄茶的时候降低血糖。

四、名品鉴赏

君山银针

✓ 产地详情

产于湖南省岳阳市洞庭湖中的君山。

✓ 茶叶介绍

君山银针是黄芽茶中最杰出的代表，色、香、味、形俱佳，是茶中珍品。君山银针在历史上曾被称为"黄翎毛""白毛尖"等，据《巴陵县志》记载："君山产茶嫩绿似莲心。""君山贡茶自清始，每岁贡十八斤。""谷雨"前，知县邀山僧采制一旗一枪（幼嫩的茶叶），白毛茸然，俗称"白毛茶"。

制作君山银针的原料多为清明前的茶树芽头，一般于清明前 7 天左右开采，最迟不超过清明后 10 天。经过杀青、摊凉、初烘、初包、复烘、摊凉、复包、干燥等工序，历时 72 小时制成。特别是独特的三次"包闷"工序，使君山银针内含的生化成分更加丰富，滋味变得更加醇和。君山银针外形芽头肥壮挺直，匀齐，满披茸毛，色泽金黄光亮，称"金镶玉"；内质香气清鲜，汤色浅黄，滋味甜爽，冲泡看起来芽尖冲向水面，悬空竖立，然后徐徐下沉杯底，形如群笋出土，又像银刀直立。

✓ 品质特点

外形：茁壮挺直，见图 2-96。

色泽：芽头金黄。

香气：焖板香，毫香。

汤色：杏黄明净，见图 2-97。

图 2-96 君山银针干茶　　　　图 2-97 君山银针茶汤

滋味：醇和甜爽。

叶底：肥壮匀齐。

蒙顶黄芽

✓ **产地详情**

产于四川省雅安市蒙顶山。蒙顶山是著名的茶叶产区，有诸多品种，其中品质最佳者即蒙顶甘露和蒙顶黄芽。

✓ **茶叶介绍**

蒙顶黄芽是芽形黄茶之一，为黄茶之极品。其产地蒙顶山是茶树种植和茶叶制造的起源地，蒙山各类名茶总称蒙顶茶。蒙顶茶自古为茶中珍品，自唐朝开始，至清朝上千年间，蒙顶茶岁岁为贡茶，民谣称"扬子江中水，蒙山顶上茶"，可见蒙顶茶名之盛。新中国成立后蒙顶茶曾被评为全国十大名茶之一。蒙顶黄芽采摘于春分时节，当茶树上有10%左右的芽头鳞片展开，即开园采摘。采回的嫩芽经复杂精细的制作工艺加工，才能制成茶中的极品。

蒙顶黄芽鲜叶采摘标准为一芽一叶初展，芽叶细嫩，匀整多毫，没有叶柄、茶梗；冲泡后，汤色黄亮，可看见茶芽似嫩笋，渐次直立，上下沉浮，并且在芽尖上有晶莹的气泡。

✓ **品质特点**

外形：扁平挺直，芽头匀整，见图2-98。

色泽：色泽黄润，芽毫显露。

汤色：黄亮透碧，见图2-99。

香气：甜香鲜嫩。

滋味：甘醇鲜爽，回甘生津。

叶底：叶底全芽，嫩黄匀齐，见图2-100。

图2-98　蒙顶黄芽干茶

图2-99　蒙顶黄芽茶汤

图2-100　蒙顶黄芽叶底

霍山黄芽

✓ **产地详情**

产于安徽省霍山县，其中以该县金鸡坞、金山头、金竹坪和乌米尖，即"三金一乌"所产的黄芽品质最佳。

✓ **茶叶介绍**

霍山黄芽在唐代即负盛名，唐代李肇《国史补》把霍山黄芽列为十四品目贡品名茶之一；明代王象晋《群芳谱》记载，霍山黄芽为当时的极品名茶之一；清代霍山黄芽为贡茶，历年岁贡三百斤。然而经过历代演变，以后竟致失传，霍山黄芽仅闻其名，未见其茶。现时的霍山黄芽是1972年创制的。

霍山黄芽依其品质分为特一级、特二级、一级和二级。特级的霍山黄芽，鲜叶超过 80% 为一芽一叶初展，外形看似雀舌且整体匀齐。外形挺直微展，色泽黄绿披毫，香气清香持久，汤色黄绿明亮，滋味浓厚、鲜醇回甘，叶底微黄明亮。2006 年 12 月，霍山黄芽成功获批国家地理标志保护产品称号。

✓ **品质特点**

外形：条直微展，形似雀舌，见图 2-101。

色泽：嫩绿披毫。

汤色：黄绿清澈，碗壁与茶汤接触处略带黄圈，见图 2-102。

香气：鲜爽持久，有清香和熟栗子香。

滋味：鲜醇浓厚。

叶底：嫩黄明亮，嫩匀厚实，见图 2-103。

图 2-101 霍山黄芽干茶　　图 2-102 霍山黄芽茶汤　　图 2-103 霍山黄芽叶底

沩山毛尖

✓ 产地详情

产于湖南省宁乡县（现为宁乡市）沩山。

✓ 茶叶介绍

沩山毛尖，在唐代就已著称于世，历史上一直是贡茶。清同治年间，《宁乡县志》曾记载："沩山茶，雨前采摘，香嫩清醇，不让武夷、龙井。"

传统沩山毛尖加工分为杀青、闷黄、揉捻、烘焙、拣剔、熏烟共 6 道工序，以传统工艺制作而成的沩山毛尖，其品质特点可用"三怪"予以概括。第一怪为茶叶揉捻时不是揉紧成条，而是搓散成朵，因此沩山毛尖称为朵形茶；第二怪是加工过程中无须保护茶叶的绿色，而要求闷黄；第三怪是沩山毛尖加工不忌烟味，还有专门的熏烟工序。成品沩山毛尖外形片状自然，叶边微卷，白毫显露；叶底呈花朵形状，叶色黄亮，松烟香味浓郁，滋味香醇爽口；汤色橙黄，晶莹透彻，黄亮嫩匀。沩山毛尖凭借茶色黄、形如朵烟熏味的"三怪"品质特色在众多历史名茶中独树一帜。现代新工艺，为满足多数消费者的口感喜好，多不采用熏烟工序，所生产的沩山毛尖香气呈嫩栗香、清香。

✓ 茶叶特色

外形：叶边微卷，成条块状，见图 2-104。

色泽：金毫显露，色泽嫩黄油润。

汤色：杏黄明亮，见图 2-105。

香气：松烟香或清香。

滋味：甜醇爽口。

叶底：芽叶肥厚，见图 2-106。

图 2-104　沩山毛尖干茶

图 2-105　沩山毛尖茶汤

图 2-106　沩山毛尖叶底

执行

任务一　推荐君山银针

✎ Step1 介绍推荐的茶品名称

君山银针芽头苗壮挺直，大小长短匀齐，白毫完整鲜亮，色金黄；内质香清郁味、甘甜醇和；汤色杏黄明净；叶底黄亮匀齐，有"金镶玉"之美称。

✎ Step2 介绍该茶的相关信息

从产地、种植环境、加工方法、茶品规格、生产年份、零售价格等角度介绍茶品信息。

✎ Step3 介绍该茶的品质特点

君山银针是岳阳黄茶中黄芽茶的代表，是黄茶中的佼佼者，为中国十大名茶之一。君山产茶，始于唐代，称为邕湖含膏；宋代、明代称岳州黄翎毛、含膏冷。成品君山银针茶，外形芽壮多毫，在热水的浸泡下君山银针慢慢舒展开来，芽尖朝上，蒂头下垂，在水中忽升忽降，时沉时浮，最后竖立于杯底，随水波晃动，就像舞者在水下舞蹈，这是君山银针茶的最大欣赏价值。

✎ Step4 询问引导

介绍完茶品后要询问顾客意见，如果顾客对该产品产生了兴趣，就可以进行茶品冲泡；如果表示不感兴趣或不需要，继续推荐其他茶品。

任务二　黄茶的冲泡（以君山银针为例）

君山银针非常适合观"茶舞"，所以选用玻璃杯冲泡为例为大家示范。

✎ Step 1 备具（见图 2-107）

用透明洁净玻璃杯冲泡品饮。

图 2-107　备具

↗ **Step 2 投茶（见图 2-108）**

　　茶水比例为 1∶30（视茶原料及个人口感调整）。

图 2-108　投茶

↗ **Step 3 煮水**

　　95℃的沸水冲泡。

↗ **Step 4 温润泡（见图 2-109）**

　　向杯中注入少许 95℃开水进行温润。

图 2-109　冲泡

📌 **Step 4 注水（见图 2-110）**

然后采用"凤凰三点头"的手法注水至七分满。

图 2-110　注水

📌 **Step 4 品饮**

用玻璃盖将茶杯盖住（见图 2-111），保持水温。而后，将杯盖轻轻移去（见图 2-112）。静观茶叶慢慢沉入杯底，在水中伸展的姿态。轻闻茶香，品饮即可。

图 2-111　盖玻璃片

图 2-112　开盖品饮

项目七 其他茶类及代饮茶的推介

知识准备

一、花茶

广义的花茶包括纯花草茶和窨花茶。

纯花草茶指的是以整花、花蕾、花冠、花瓣、花蕊为单纯原料进行加工的花茶，如菊花茶、金银花茶、玫瑰茶、百合花茶、桂花茶、荷花花瓣茶、牡丹花蕊茶等。花草茶干燥工艺可分为自然干燥和人工干燥。自然干燥包括阴干、风干和晒干等方式，如传统的金银花茶、菊花茶、牡丹花茶等。但是由于受自然条件限，产品品相不同，品质不均匀，而且日晒等方式往往会使鲜花褪色，故此种工艺基本已渐渐被人工干燥方式替代。人工干燥包括窨制、热风干燥、微波干燥、真空干燥、真空冷冻干燥等。例如，茉莉花茶主要采用窨制；菊花茶、洛神花茶、玫瑰花茶等普通产品主要采用热风干燥或真空干燥；高档的花茶如牡丹花茶可采用 真空冻干方式，起到高保真护色护型的效果。

窨花茶是以茶叶加花窨制而成，属于再加工茶。茶叶疏松多细孔，容易吸收空气中的水分和气体；同时，还含有多分子棕榈酸和萜烯类化合物，也具有吸收气味的特点。花茶窨制就是利用茶叶吸香和鲜花吐香两个特性，使茶味、花香合二为一。在此，主要介绍窨花茶。

窨花茶多以窨的花种命名，如茉莉花茶、白兰花茶、珠兰花茶和牡丹绣球等。

茉莉花茶是消费量最大的一类花茶。茉莉花茶是将茶叶和茉莉鲜花进行拼和、窨制，使茶叶吸收花香而成的一种再加工茶类，因茶中加入茉莉花朵熏制，故名茉莉花茶。茉莉花茶的色、香、味、形与茶坯的种类、质量及鲜花的品质有密切关系，茶坯多采用名茶中的代表性绿茶，鲜花则采用品质上等的伏季茉莉。茉莉花茶可分为特种茶、级型茶、碎茶和片末茶。

（1）特种茉莉花茶

选用特种绿茶和优质茉莉鲜花为原料，精工细作，窨制而成，属特种茉莉花茶。随着特种绿茶加工技术的发展，茉莉花茶的外形也得以丰富，有针芽形、松针形、扁形、珠圆形、卷曲形、圆环形、花朵形、束形，还有外形似荔枝球形、麻花形（长1～2厘米）等特种茉莉花茶。此类花茶的外形和叶底均具有艺术观赏价值。特种茉莉花茶的内质具有香气鲜灵浓郁、滋味鲜醇或浓醇鲜爽、汤色嫩黄或黄亮明净的特点。但不同花色因窨制过程的配花量和付窨次数的不同而香味有所差异。

（2）级型茶

以烘青茶坯为主要原料加工成不同规格的级型茶坯，将此类茶坯和茉莉鲜花拼合窨制而成。外形为条形，可分为银毫、春毫、香毫、特级、一级、二级、三级、四级、五级、六级。含芽毫量以银毫为多。内质香味的鲜度和浓纯度因级别高低而异。

（3）碎茶和片末茶

此类产品外观形状较小，有颗粒状、片状、末状，大多作为袋泡茶原料。有的拼入深加工原料，制作成花茶水等。

此外，有以多种干花混合，以增强功效的复合型花茶，如养身八宝茶、玫瑰养颜茶；还有通过手工工艺加工而成的工艺类花茶，在泡制后形态栩栩如生，色彩纷呈，成为花茶中的"花魁"，口感结合多种花茶及茶叶的醇香，使得回味更加悠长，深受中外友人喜爱。

二、速溶茶

速溶茶又名萃取茶，它是在传统茶加工基础上逐渐发展形成的，是一种具有原茶风味的粉末或粒状的新兴产品。由于生活节奏的加快，速溶茶现已成为最受人们欢迎的茶叶制品之一。速溶茶的特点是冲水即溶，杯内不留残渣，容易调节浓淡，还可根据各自的喜好加奶、白糖、香料、果汁、冰块等。既可热饮又可冷饮。原料来源广泛，不受产地限制，既可直接取材于中低档成品茶，亦可用鲜叶或半成品为原料生产，容易实现机械化、自动化和连续化生产。一般来讲，速溶红茶、速溶绿茶、速溶花茶市面上较多，但是目前速溶黑茶也有产品上市。

三、茶饮料

茶饮料是一种以茶叶为主要原料，不含酒精的新型饮料。这种饮料既具有茶叶的独特风味，又兼具营养、保健和医疗等作用。同时，在加工中不添加着色剂，不用香精赋香，不加或少加调味物质，是一种风靡世界的、安全多效的、深受消费者欢迎的多功能饮料。在价格、解渴、保健等诸多方面与其他软饮料相比，都具有较强的竞争优势。茶叶软饮料虽然问世时期不长，但种类繁多，主要可分为茶水型（如乌龙茶水、红茶水、绿茶水、花茶水等）、多味型（如柠檬茶水、奶茶等）、汽水型、保健型（有目的地添加中草药及植物性原料加工而成的饮品，具有保健功能）。

四、美容养生茶

"黑玫瑰"茶，以安化优质野尖黑茶、优质玫瑰花、灵芝草为主要原料，按一定比例，采用独特配方，经现代科技精制而成。其主要功效是"活血美容、排毒养颜"，能有效促进和调理人体的阴阳平衡，改善身体"失衡"。冲泡后汤色红亮悦目，滋味甘甜可口，茶香、花香，香香辉映。

黑茶糖果含片：本品精选生态有机茶原料，提取高纯度茶多酚、维生素 C 等有效成分，并加入薄荷等物质，风味独特，口感清爽。感官上以自然、淡雅为主，无任何化学添加剂，无人工色素添加，是新型健康休闲食品。具有护肝化痰、提神醒酒等特殊功效。

桑香茯砖：精选安化黑毛茶与高山桑毛茶，借鉴安化黑茶的传统工艺，结合桑叶的生物学性状，以"金花"（冠突散囊菌）培养为核心，传承与创新有机结合研制的黑茶新品。产品茶香糅合桑叶清香与"金花"菌香，汤色橙黄明亮，具有独特的茶香、滋味与汤色风格，并在功能性作用方面能实现桑叶与普通黑茶的有效互补。

黑茶茶珍：产品是以全金花黑茶为原料，按 1∶8 的比例，经 21 道工序，采用冷冻干燥方法萃取的纯天然全金花黑茶茶珍，完整保留了有益物质的活性和成分。研究证明，金花黑茶茶珍能够有效调节人体糖脂代谢、调理肠胃。

五、茶日化产品

茶叶中的多种成分除具有营养与药效功能外，还有健肤养肤、抗菌消炎、除臭等作用，这些功效的发现，使茶叶应用于日化领域，已有不少含有茶提取物的日用品上市，包括含茶面膜、茶牙膏、茶香波等日化产品。

六、茶食品

茶食品低脂低糖，含有丰富的营养成分，口感细腻不燥、香脆可口、风味绝佳，既增进食欲又有益健康，是清新自然的绿色休闲食品。

七、代饮茶产品

（1）青钱柳

采青钱柳嫩叶，经过精选、洁净、摊放、杀青、揉切、干燥等系列独特的工艺加工精制而成。青钱柳茶甘甜滋润，生津止渴、清热解毒。不仅含有人体必需的钾、钙、镁、磷等常量元素，且含有对人体保健有重要作用的锰、铁、铜、锌、硒、锗、维生素 E、维生素 C、维生素 B1、维生素 B2 等微量元素和营养成分。

（2）莓茶

学名显齿蛇葡萄，属于葡萄科蛇葡萄属，是一种在特定的地理、气候环境中生长、繁衍的落叶野生藤本植物。其茎叶均可加工成保健饮品，当茶饮用可解渴、抗菌、消炎、镇痛。莓茶的有效成分主要是黄酮，含黄酮粗蛋白12.8% ～ 13.8%，总黄酮平均含量 ≥ 6%，最高检测含量为 9.37%，是目前所有被发现的植物中黄酮含量最高的，故被称为"黄酮之王"。在湖南湘西地区，如张家界、永顺等地，皆有大量生产。

（3）杜种茶及杜种雄花茶

张家界市慈利县拥有丰富的杜仲资源，有上千年的杜仲树栽培历史，现有杜仲种植面积 30 万亩左右，是全国最大的杜仲基地县。1983 年 12 月，国家林业部、国家医药管理局将慈利县定为《杜仲商品生产基地县》；1996 年，慈利县被国务院发展研究中心、中国农学会授予"中国杜仲之乡"的荣誉称号；1988 年，国家林业部、卫生部、农牧渔业部和商业部联合对慈利境内杜仲进行了普查，其结果显示是全国最大的杜仲种植基地。

杜仲茶以植物杜仲的叶为原料，经传统茶叶加工方法制作，睡前喝一杯保健价值极高，无任何副作用，饮用方便。

杜仲雄花茶是以杜仲雄花花蕊（杜仲雄树生殖器）为原料，在保全杜仲雄花药用天然活性成分和营养成分的前提下研制生产的一种纯天然保健珍品（见图2-113）。

图2-113 杜仲雄花茶

八、名品鉴赏

猴王小茉莉

✔ 产地详情

产于湖南长沙。

✔ 茶叶介绍

茉莉花茶在长沙有悠久历史。明嘉靖十二年（1533）撰《长沙府志》有"杂货之品曰茶，岁进（贡）茶芽六十二斤"的记载。清嘉庆十五年（1810）《长沙县志》也有"茉莉夏开白色，清丽而芳"的记载。长沙茶厂用自产毛尖茶配以洁白、肥硕的茉莉鲜花，其窨制技术十分精湛，特级、一级产品坚持三窨一提，下足鲜花数量，把握鲜花吐香规律，并严格控制在窨温度、湿度、起花和时间等技术要点。产品外形条索紧细，色泽绿润，匀整平伏，内质香气鲜雅，汤色黄亮，滋味浓郁甘爽，叶底柔软匀嫩，耐冲泡。

时代在发展，花茶制作技术也在不断创新。近年来推出的新派花茶"猴王小茉莉"。其茶坯来自石门银峰、石门银毫、石门县高山有机茶基地，鲜花原料源于广西横县伏天优质茉莉，采用最新创新制作工艺一次窨制而成，最大限度地保留了鲜花和茶叶的鲜嫩与营养成分，茶香、花香交融，包装设计清新时尚，为"国潮青年"提供了一种精致有品质的生活方式。

✔ 品质特点

外形：芽头细紧秀丽，条索紧细，显锋毫，见图 2-114。

色泽：绿润。

汤色：浅黄绿，清澈，见图 2-115。

香气：鲜灵持久。

滋味：甘鲜醇爽。

叶底：嫩匀柔软，见图 2-116。

图 2-114　小茉莉花茶外形　　图 2-115　小茉莉花茶茶汤　　图 2-116　小茉莉花茶叶底

白兰花茶

✔ 产地详情

产于广东、福建，以及苏州、金华等地。

✔ 茶叶介绍

白兰花茶是仅次于茉莉花茶的又一大宗花茶产品。白兰花香浓郁持久，是窨制烘青绿茶的主要原料之一。白兰花茶的特征是，外形条索紧结重实，色泽墨绿尚润，香气鲜浓持久，滋味浓厚尚醇，汤色黄绿明亮，叶底嫩匀明亮。

✔ 品质特点

外形：条索紧实，见图 2-117。

色泽：黄绿油润。

香气：鲜浓持久。

汤色：黄绿明亮，见图 2-118。

滋味：浓厚甘醇。

叶底：鹅黄柔软，见图 2-119。

图 2-117　白兰花茶干茶

图 2-118　白兰花茶茶汤

图 2-119　白兰花茶叶底

珠兰花茶

✓ **产地详情**

主产于安徽省歙县；其次产于福建省漳州，以及广东广州。

✓ **茶叶介绍**

珠兰花茶选用黄山毛峰、徽州烘青、老竹大方等优质绿茶作茶坯，混合窨制而成。珠兰花茶清香幽雅、鲜爽持久，是中国主要花茶品种之一。珠兰花茶的历史悠久，早在明代时就有出产，据《歙县志》记载："清道光，琳村肖氏在闽为官，返里后始栽珠兰，初为观赏，后以窨花。"清代陈淏子著《花镜》载："真珠兰……好清者，每取其蕊，以焙茶叶甚妙。"珠兰的花期自 4 月上旬至 7 月。鲜花要求当日采摘，采摘标准为花粒成熟、肥大，色泽鲜润、绿黄或金黄的花朵。珠兰花一般于午后开放，如果适时进行窨茶，可以充分吸收花香，达到最佳的品质，所以珠兰花茶都在午后开始窨制。珠兰花茶的大量生产，始于清代咸丰年间，到了 1890 年前后，花茶生产已较为普遍。

✓ **品质特点（以珠兰黄山芽为例）**

外形：条索紧实，锋苗挺秀，见图 2-120。

色泽：白毫显露，深绿油润。

香气：幽雅芳香。

汤色：黄亮，见图 2-121。

滋味：鲜嫩，醇厚甘美。

叶底：嫩黄柔软，见图 2-122。

图 2-120 珠兰花茶干茶

图 2-121 珠兰花茶茶汤

图 2-122 珠兰花茶叶底

执行

任务一 花茶冲泡要点

（1）茉莉花茶香气充足，适合选用盖碗或透明玻璃杯冲泡，以拢住香气。

（2）如果冲泡的是极优质的特种茉莉花茶，则宜选用玻璃杯，水温以 80 ～ 90℃为宜，采用下投法泡茶。

（3）用盖碗泡茶，除掀盖闻茶香之外，还可以闻盖子上的茶香。

（4）有时冲泡茉莉花茶会闻到兰花香，这是因为在窨制茉莉花茶时，一般会用少量玉兰花或白兰花打底。

任务二 花茶的盖碗冲泡

✦ **Step 1 备具（见图 2-123）**

用青花瓷或玻璃盖碗冲泡及品饮。

图 2-123 备具

✔ Step 2 温杯洁具（见图 2-124）

泡茶前向盖碗中注入少量热水，转动杯身，温烫盖碗。

图 2-124　温杯洁具

✔ Step 3 投茶（见图 2-125）

趁盖碗还温热时，用茶匙将干茶拨入盖碗中，盖上盖摇两下，揭盖闻香。

图 2-125　投茶

✔ Step 4 冲泡（见图 2-126）

提高水壶，将水高冲入盖碗中，然后盖上盖。

图 2-126　冲泡

✒ **Step5 闻香品饮（见图 2-127）**

花茶香气浓郁，可闻盖香，也可从杯逢中闻香；品饮时，端起盖碗，用盖子刮开茶沫及茶芽，细细品饮。

图 2-127　尝滋味

模块三
技巧篇

项目一　礼仪规范
项目二　销售话术
项目三　成交技巧
项目四　客情维护

项目一   礼仪规范

知识准备

对于茶品推介人员来说，学习沟通礼仪及拥有礼仪意识，既能提升职业素养，也可以有效塑造自己的专业形象，使顾客产生严谨、专业、有礼、细致等良好印象，从而更易达成交流合作。

一、仪表礼仪

仪表，即人的外表，包括容貌、服饰、姿态、风度等多个方面。一个人的仪表不但可以体现文化修养，也可以反映审美趣味。在茶品推介过程中，整洁端庄、得体大方的穿着，不仅能够给人留下良好的印象，而且还能够促使推介有效。相反，穿着不当，举止不雅，往往会损害形象。由此可见，仪表礼仪是一门艺术，既要讲究协调、色彩，也要注意场合、身份。同时，仪表礼仪又是一种文化的体现。

1. 得体的着装

着装的基本原则是得体和谐。了解自身体型的特点，在着装时扬长避短，展示自己最佳外形，注意仪表与年龄、

（扫描二维码，观看微课）

体形、气质的协调，避免服装颜色太鲜艳，不穿奇装异服，要与环境相匹配。如果茶品推介人员服装颜色太鲜艳，就会破坏和谐优雅的气氛，使人有躁动不安的感觉。选择整洁、雅致、和谐、恰如其分的服装，服装式样以中式为宜，服装要经常清洗，保持整洁。

图 3-1　得体的着装

（1）和谐。"相称""得体"，使服装的款式、颜色、搭配与个人职业相得益彰，同时又与自己的年龄、肤色、身材和谐一致，体现出良好的风度。

（2）含蓄。"含蓄"为中国传统服饰美的最高境界。"茶性俭"，"行俭德之人"，茶道作为一种蕴含中华民族传统审美观的生活艺术，其参与者的服饰以含蓄为美。茶事活动中的着装应体现出民族传统与时代元素的巧妙融合，解决"藏"与"露"的"适度"关系，使"藏"能起到护体和遮羞的作用，"露"能起到展示人体自然美的作用，朦胧含蓄，婉约别致，体现出茶文化的清雅韵致。

（3）整洁。"净"是茶礼仪的特征之一。整洁的服饰可以衬托出冲泡者的良好精神面貌，使人享受到一种视觉美感，进而产生舒适和安全感。

近年来，还出现了专用茶服，其设计多以"静、清、柔、和"为特点，遵循素雅风，呈现出宽简、质朴、舒适、大方的视觉效果，见图3-2和图3-3。

图3-2 典雅的茶服

图3-3 宽简的茶服

2. 清爽的发型

头发最能表现一个人的精神状态，头发应梳洗干净整齐，经常洗头，做到没有头皮屑，不抹过多的发胶。发型要扬长避短，适合自己的脸型和气质，简单大方，与服装相配。应给人一种灵动、清纯、整洁、大方的感觉。如果是短发，要求在低头时，头发不要落下挡住视线；如果是长发，应将头发盘起，显得干练、有精神。

（扫描二维码，观看微课）

3. 干净的面部

茶是淡雅的物品。男士要将面部修饰干净，不留胡须，以整洁的姿态面对客人。女士可化淡妆、施薄粉、描轻眉、涂轻红，不要浓抹脂粉，也不要喷洒味道浓烈的香水，否则，茶香会被破坏，与茶叶给人的感觉也是不一致的。

面部平时要注意护理、保养,保持清新健康的肤色。在为客人进行茶品推介时,面部表情要平和放松,面带微笑。

4. 洁净的双手

茶品推介人员保持手部干净也是基本的礼仪要求。指甲及时修剪整齐,不留长指甲,不涂指甲油,特别要避免手上留有香味或其他异杂的气味。

5. 简洁的配饰

巧妙地佩戴饰品能起到画龙点睛的作用,但首饰佩戴要讲究分寸,不宜多,不宜香气逼人,不戴太大的耳环、造型特异的戒指。如果佩戴太"出色"的首饰,会分散对方的注意力。首饰佩戴以淡雅为主,与整体服饰搭配起来。见图3-4。

图 3-4　得体的仪表

二、举止礼仪

举止是指人的动作和表情,日常生活中人的举手投足、一颦一笑都可概括为举止。举止是一种不说话的"语言",它反映了一个人的素质、受教育的程度及能够被人信任的程度。茶品推介人员要树立良好的交际形象,必须讲究礼貌礼节,要求彬彬有礼、落落大方,尽量避免各种不礼貌或不文明的习惯。

1. 坐如钟

这并不是说销售人员坐下后如钟一样纹丝不动,而是要"坐有坐相",入座要轻柔和缓,起座端庄稳重。不猛起猛坐,避免碰响桌椅,或带翻桌上的茶具和物品,令

(扫描二维码,观看微课)

人尴尬。坐下后;尽量不要频繁转换姿势,也不要东张西望。上身挺直,不东倒西歪。正确的坐姿是:挺胸端坐,腹部微收,双腿靠拢,见图3-5和图3-6。

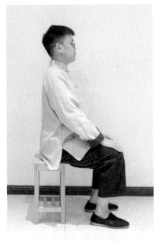

图 3-5 男士坐姿侧面

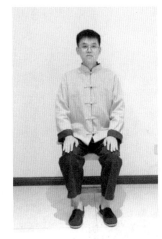

图 3-6 男士坐姿正面

2. 站如松

优美而典雅的站姿，是体现茶品推介人员自身素养的一个方面，也是体现服务人员仪表美。良好的站姿要领是：挺胸、收腹，身体保持平衡，双臂自然下垂，站立时精神饱满、心情放松、脖颈挺直、头顶上悬、气往下压、自然伸展，身体有向上之感，表情要温文尔雅。忌歪脖、斜腰、含胸、重心不稳、两手插兜。挺拔的站姿给人以优美高雅、庄重大方、精力充沛、信心十足和积极向上的印象，见图 3-7。

（扫描二维码，观看微课）

3. 行如风

人的走姿是一种动态的美，茶品推介人员在工作时经常处于行走

（扫描二维码，观看微课）

图 3-7 女士站姿

的状态中。走姿的基本方法和要求是：抬头挺胸，步履轻盈，目光平视，面带微笑；肩部放松，手臂自然前后摆动，手指自然弯曲；行走时身体重心稍向前倾，腹部和臀部要向上提，由大腿带动小腿向前迈进。步速和步幅也是行走姿态的重要要求，茶品推介人员在行走时要保持一定的步速，不要过急，否则会给客人不安静、急躁的感觉。步幅是每一步前后脚之间距离 30cm，一般不要求步幅过大，否则会给客人带来不舒服的感觉。多人一起行走时，应避免排成横队、勾肩搭背、边走边大声说笑。流云般的轻盈走姿，体现了茶品推介人员的温柔端庄，大方得体。款款轻盈的步态，给

茶客以动态美。见图 3-8 和图 3-9。

图 3-8　男士走姿

图 3-9　女士走姿

三、语言表达

（扫描二维码，观看微课）

作为茶品推介人员，说话清楚流利是最起码的要求。而要成为一名合格且优秀的茶品推介人员，必须掌握一些基本的交谈原则和技巧，遵守谈吐的基本礼节。在交际场合，与顾客交谈时态度要诚恳热情，措辞要准确得体，语言要文雅谦恭，不要含糊其辞、吞吞吐吐，不信口开河、出言不逊，要注意倾听，给顾客说话的机会。真正做到以礼相待、微笑服务、文明待客，为茶叶销售事业的发展做出贡献。

（1）说话声音适当。交谈时，音调要明朗，咬字要清楚，语言要有力，频率不要太快，尽量使用普通话与顾客交谈。

（2）与顾客交谈时，应双目注视对方。不要东张西望、左顾右盼，谈话时可适当用一些手势，但是幅度不要太大，不要手舞足蹈，不要用手指人，更不能拉拉扯扯、拍拍打打。

（3）交际中要给对方说话的机会。在对方说话时，不要轻易打断或者插话，应让对方把话说完。如果要打断对方，应先用商量的口气问一下："请等一等，我可以提个问题吗"，"请允许我插一句"，这样避免对方产生你轻视他或者对他不耐烦的误解。

如超过三人时，应不时与在场人攀谈几句，不要只把注意力集中在一两个人身上，使其他人感到冷落。交谈时要注意避免习惯性口头禅，以免引起顾客反感。交谈时要口语化，使顾客感到亲切自然。

四、谈吐礼仪

1. 介绍礼仪 （扫描二维码，观看微课）（扫描二维码，观看微课）（扫描二维码，观看微课）

介绍礼仪包括为他人做介绍或相互之间的自我介绍。

为他人介绍的先后顺序应当是：先向身份高者介绍身份低者，先向年长者介绍年幼者，先向女士介绍男士。介绍时，除女士和年长者外，一般应起立。在宴会桌、会谈桌旁则不必起立，被介绍者可以微笑表示。

茶品推介人员使用自我介绍的情况较多。自我介绍一般包括姓名、职业、单位、籍贯、经历和年龄、特长和兴趣等内容。茶品推介人员与顾客初次见面，为使谈话很快进入正题，介绍前三项就足够了。

2. 称呼礼仪

称呼礼仪是指茶品推介人员在日常工作中与宾客交谈或沟通信息时应恰当使用的称呼。最为普通的称呼是"先生""女士"。在茶品推介工作中，切忌使用"喂"来招呼宾客，即使宾客离你较远，也不能这样高声叫喊，而应主动上前恭敬地称呼宾客。

3. 问候礼仪

问候礼仪是指茶品推介人员在日常工作中根据时间、场合和对象用不同的礼貌语言向宾客表示亲切的问候和关心。茶品推介人员根据工作情况的需要，在与宾客相见时应主动问好："您好，欢迎光临！"或在一天中的不同时候遇到宾客时要说"早上好""下午好""晚上好"，这样会使对方备感自然和亲切。

4. 握手礼仪

茶品推介人员与顾客初次见面，经过介绍后或介绍的同时，握手会拉近茶品推介人员与顾客间的距离。茶品推介人员在与顾客握手时，要主动热情、自然大方、面带微笑，双目注视顾客，见图3-10。

握手的礼仪规范：一般情况下，握手要用右手，应由主人、年长者、身份地位高者、女性先伸手。几个人同时握手时，注意不要交叉，应等别人握完手后再伸手。不要戴着手套与人握手，这样是不礼貌的，握手前应脱下手套。当手有污渍时，应事先向对方声明示意并致歉意。握手时必须是上下摆动，而不能左右摇动。

图 3-10　握手礼仪

5. 应答礼仪

应答礼仪是指茶品推介人员在回答宾客问话时的礼节。在应答宾客的询问时要站立说话，不能坐着回答；要全神贯注地聆听，不能心不在焉；在交谈过程中要始终保持良好的精神状态；说话时应面带笑容、亲切热情，必要时还要借助表情和手势来沟通及加深理解。茶品推介人员在回答宾客的问题时，要做到语气婉转、口齿清晰、语调柔和、声音大小适中。同时，还要注意在与宾客对话时自动停下手中的其他工作。

茶品推介人员在与多位宾客交谈时，不能只顾一位而冷落了其他的人，要一一作答。茶品推介人员对宾客的合理要求，要尽量快速做出使宾客满意的答复。对宾客的过分或无理要求，要婉言拒绝，并要表现出热情、有教养、有风度。

五、沏茶礼仪

沏茶过程中，礼仪贯穿始终，在此以盖碗分杯法为例，讲述沏茶礼仪。

1. 净手的礼仪

保证双手洁净的要求有：禁止留过长的指甲；禁止使用有色指甲油；禁止使用香味浓的洗手液；禁止使用香水。泡茶前净手，是对客人表达敬意的礼仪。见图 3-11 和图 3-12。

2. 涤器的礼仪

如果需要当面给客人沏茶，泡茶者应当在客人面前用热水将茶器具再次烫洗，这样不仅能提高杯温、壶温，而且能够体现出泡茶者对礼仪的讲究与对客人的敬重。见图 3-13 和图 3-14。

图 3-11 净手（1）

图 3-12 净手（2）

图 3-13 涤器

图 3-14 涤器

3. 置茶的礼仪

茶叶容易沾染其他杂味，故而应保存在密闭茶筒中。沏茶时，宜用竹制或木制的茶匙摄取干茶，忌用手抓。使用茶匙时，手指捏在茶匙柄 2/3 处，取适量的干茶投入冲泡器中，茶叶的用量根据茶类、冲泡器的容量以及客人对茶味浓淡的喜好来投放，注意尽量不让茶叶洒落在桌面上。若无合适的茶匙，可将茶筒倾斜，对准壶口、杯口轻轻抖动，使适量的茶叶抖入壶或杯中。见图 3-15。

图 3-15 置茶

4. 注水的礼仪

选用回旋注水，右手应沿着逆时针的方向转动，左手应沿着顺时针的方向转动，以表示"来，来，来"的欢迎之意。注水时要控制水流的急缓与高度，使水流不断，且水花不外溅。见图3-16。

注水后，置壶时壶口不要朝着客人，也不要对着自己，应尽量转至不对准人的位置，以示礼貌。

图3-16　注水

5. 分茶的礼仪

将茶杯摆放在主客面前，在避免茶水溅出的前提下使用公道杯进行分杯。品茗杯中茶水不应倒太满（七分满为宜），避免溢杯、溢壶现象的出现，这会被认为是一种失礼行为，而且会引发主客的尴尬情绪。同时，尽量做到每杯茶的水量一致，茶汤水量和浓淡的均分也能够体现出主人对茶礼仪的重视。如果不小心有茶水滴落在桌面上，应及时用茶巾沾干，以保证茶席的干净整洁。见图3-17。

图3-17　分茶

6. 奉茶的礼仪

一般的奉茶方法是用右手拇指和食指扶住杯身，放在茶巾上擦干杯底后，再用左手拇指和中指捏住杯托两侧中部，手指尽量不要碰杯口。为了确保不失礼，最好将品茗杯置于杯托上，双手递至客人面前。若同时有两位或多位宾客时，奉上的茶水必须色泽均匀。如果距离较远，则需要用茶盘端出，左手捧茶盘底部，右手扶着茶盘的边缘。上茶时要用右手端茶，并从宾客的右手边奉上。见图 3-18。

图 3-18 奉茶

7. 品茶的礼仪

女性可右手"三龙护鼎"持杯，辅以左手指轻托茶杯底，见图 3-19；男性可单手持杯。

端起茶杯喝好后，可轻轻地将茶杯放回原处，这样既能确保器具完好无损，也是相互表达礼敬的基本要求。

图 3-19 品茶

8. 续茶的礼仪

从前方用公道杯向客人杯中续茶，注意茶汤只能加至七分满，而且要避免添加时溅落在杯外。

从客人侧面续水时，如果是有盖的杯子，则先用右手中指和无名指将杯盖夹住，轻轻抬起，再用大拇指、食指和小拇指将杯子拿起，移至客人右后侧方，然后用左手进行续水。或先把杯盖倒放在桌上或茶几上，然后端起茶杯续水。切不可把杯盖扣在桌面或茶几上。倒水完毕放定杯子后，把杯盖盖上，恢复原样。

执行

任务一　迎送顾客

◢ Step1 迎宾

迎宾时，应面带微笑，做好随时将客人引入店内的准备。当顾客进门时，主动为顾客拉门，并致迎候语"欢迎光临"。如果是常客，打招呼时也可以其姓氏称呼某先生 / 女士，表示欢迎。

问候顾客时，要使用敬语，而且要有眼神的交流，不能低着头或者背对着顾客。

◢ Step2 介绍产品

询问顾客是否有想要了解的产品。如果顾客有心仪的产品，应当有针对性地介绍；如果顾客不了解，结合顾客的喜好进行介绍。

介绍产品时，保持良好的举止、谈吐礼仪。首先要面带微笑，态度要诚恳热情，措辞要准确得体；其次要注意产品的卖点以及差异化销售。

◢ Step3 品饮体验

如果顾客有购买意向，或是有品饮体验需求，推介人员需运用冲泡技巧和茶席礼仪与顾客进行沟通，通过体验，帮助客人选择最满意的茶产品。

◢ Step4 买单收银

收银作业必须快速准确，尽量减少客户等待时间。先核实账单，确认金额后询问顾客结账方式收钱结账。结账后将结账单交给顾客，并致谢。

◢ Step5 送客

顾客离开时，要与顾客告别，送客至门口，并致送客语"欢迎您再次光临"。

项目二 > 销售话术

知识准备

　　销售过程中不可避免地需要说服客户，一流的营销高手必定也是顶尖的说服高手。沟通的目的有时是交流感情，但在销售过程中，更多地是根据顾客的需求推销阐述对产品的理解，表达观点，是认同、是接纳、是成交。销售的过程即是说服的过程。在茶品推介过程中，需要一定推介技巧和表达艺术。但销售技巧和话术要起作用，必须以道德品质为先，把讲真话放到第一位，因为也只有诚实守信才能获得顾客长久的信赖。见图 3-20 和图 3-21。

图 3-20　茶叶销售交流

图 3-21　销售场景

一、控制声音

1. 语调、语速的作用

声音在茶品推介中起到了至关重要的作用。声音是先天的，我们无法改变。但可以通过调整语调、语速来弥补，一句话里面的轻重快慢便是语调语速。通常保持中等的语速能使语调也保持在中音，过快的语速会无形提高语调。

慢语速：放慢的语速，可以使表达更为清楚和舒缓，从而让气氛变得轻松。一般我们在向客户介绍产品、服务和回答问题时，应采用慢或较慢的语速，以便让客户听清楚、听明白。

快语速：加快的语速，无形中让听众有紧迫感，因此，在沟通交谈中不宜使用。但在结单时，如果巧妙采用快语速，能帮助客户尽快做出决定。

2. 音调、声调的作用

在谈话时，说话的语调如果从头到尾都是平的，听的人就会觉得枯燥。反之，抑扬顿挫最能提起客户的兴趣，给人热情洋溢的感觉。当然，也不是要求在整段对话中始终保持一致的韵律，重点是放在开场白的问候语，略微提高音调，加重语气，先"声"夺人，一下就把客户吸引过来。在介绍和交谈中可恢复平常的谈话速度和语气。当客户出现走神、沉默等情况时，可以在一些关键词上加强语气。适当地给予提问："促销期到10日（重语气）就结束了。""购买产品，我们提供现金抵用券（重语气），再次购买时可当现金抵用（重语气）。"

另外，个人的情绪会影响到声音。一个精力充沛、热情洋溢的推介人员，他的声音一定是活泼、有力，对客户具有感染力的。所以推介人员在工作时，一定要放弃一切私人的不愉快情绪，想象是在给一位好友推荐性价比最好的产品，别忘了还要带上微笑，增加亲和力。

二、有效提问

1. 提开放性的问题

开放性问题是不能轻易地用"是""不好"或简单数字直接回答的问题。一个开放性的问题能够让回答者根据自己的阅历和体验完整地加以表述，如"您都喝过什么茶？您平时都喝什么茶？"……"如何评价茶的好坏？您喝这茶感觉如何？"……"您都喝过哪些红茶？……这样的提问使客户必须回答较长的句子，以便我们了解客户的情况和想法，并且在此基础上把话题扩大、加深，这样销售员就能有更多的发挥空间，引导客户往销售员所希望的方向发展。

封闭式的问题会很快使对话终止，不给对方详细说明的机会，也不给对方有关这个问题的相关信息来让对方有话语发展空间。

2. 完整回答一个再提下一个

如果同时提多个问题，会使客户回答了一个而忘了另一个，或者客户不知如何回答而产生逆反心理。提问时要讲究循序渐进的方式。

（1）一个新手往往会这样：

①在完全不了解客户需求的情况下，一开始就盲目地介绍公司或产品怎么怎么好，历史怎么怎么悠久，等等，尽管你介绍得很认真很精彩，假如这些都不是客人真正想要的，那接下来的整个销售过程就会受影响，成交率就会大大降低。

②对客户的问题没有层层深入，似乎是东一扯、西一搭的。还不知道客户是否喝过同类产品之前就告诉客户产品的性价比更优越，客户怎能有可比的参照物？在还不知道客户购买意向之前就推荐产品，怎么知道客户能否购买呢？

（2）一个熟练的茶叶营销人员就会这样做：

①通过提问式的交谈了解客户的情况和想法。

②先说明原因，再提问。为提问找个好理由，是能否取得满意答案的先决条件。当客户了解到提问的原因是合理的甚至是有利的，将非常愿意配合你。例如，年龄是女客人最不愿意透露的秘密，但是如果告诉她了解年龄是为了登记资料申请领取 VIP 卡，相信没人会拒绝。又如，"我们最近有些促销活动，觉得挺适合您的。"先与客户分享资源，再问意见。

三、学会聆听

要学会聆听，从聆听中了解客户的真正想法、要求、现状、经历，同时也要学会表现自己，让客户听你的"话"……这些都将帮助我们找到切入点，挖掘购买能力，迅速成交。以下几点请注意：

（1）尊重客户。无论对方是专业人士还是对产品一窍不通，无论是老板级人物还是普通人员，无论是怒气冲冲还是温文尔雅，作为销售员都应尊重并且礼貌待客。因为客户所提及的问题，都会直接或间接地影响我们的生意。准确地了解，及时地给予解决，客户不仅会记住你，而且还会对我们的企业给予肯定。

（2）保持耐心。很多时候，不同的客户反映的问题是相同或相似的。这时你就要怀着高度耐心去聆听，而不能中途打断："你不用说了，这个我知道。"或"你可以看说明书，上面有写。"要知道你熟悉的企业情况、产品特点和售后服务，作为客户不一定了解。因此，我们应该耐心地聆听，并给予解释和帮助。

（3）专心致志。如果不是很重要的电话或事情，做到谈完客户再安排和处理。如果身边确实有必须马上处理的事情，要是时间不长，就应该直接同客户说："对不起，我这边有点急事，处理下马上过来，请您稍等。"如果是很重要的电话，就应该直接同客户说："对不起，我接下电话，给我 10 秒钟，请您稍等。"你这样做了，相信客户一定会理解的。

（4）认同客户。在聆听客户的同时要认同客户，并且向客户表达感谢。我们可以这么说："我很同意您对产品的评价和看法""对极了，我们也是在朝着这个方向努力""我非常了解您的感受"，这样使客户觉得被尊重，并且愿意继续光顾下去。

通过以上，你基本了解到顾客的想法、要求、经历、现状以及购买能力，这样你就能更准确地找到客人的需求了。

四、满足客户需求

（1）听取客户反馈。客户提供信息后，抓住机会提问"为什么"，真正达到同客户的互动。

（2）满足客户的提问。我们都打过乒乓球，首先要发球，然后才有接球的机会。在同客户沟通的时候，首先推介人员要掌握客户的想法与建议，然后再一一给予回答，从而顾及客户的感受。要让客户感觉你是在同他探讨问题，而不仅仅是推销。

五、促成交易

1. 清晰定位

当向客户推荐产品时，推介人员就要开始对整个销售进行定位。有三件事必须做到：

（1）清晰地了解自己的产品种类、产品特性，知道能为你的客户提供什么。

（2）通过了解客户的需求，知道怎样用自己的产品为客户打造价值、带来利益。

（3）在同客户沟通的整个过程，要不断增强对客户的说服力，引导客户，最终促成交易。

2. 定位阶段的注意事项

在定位阶段，推介人员在语言表达上又该注意哪些呢？

（1）条理清楚，遵循从基础向高级发展，循序渐进的方式。先介绍茶品的特点，然后再突出性价比，在此基础上进一步介绍能给客户带来的经济利益。

（2）快速综合并总结客户的欲望点。

作为客户，往往对购买产品后的增值服务最关心。

3. 时时应对细节问题

我们在推荐产品和定位客户需求的同时，时时要记住核对。

（1）为何要核对？

因为让客户也自然地融进销售的每个环节、每个细节。不要让客户感觉只是你一味在诉说、在推销；要让客户感觉双方是在研究，是往解决同一个问题的方向在努力。在核对的过程中，客户可能会道出更多的想法。要知道，客户所想的远比你说的更重要。在核对的过程中，你可以更深入地了解，并随时调整方向。通过核对，你会将客户引导到促单的方向。

（2）何时进行核对？

①当你回答完一个问题后，就可以简要地将内容概括一遍，问客户是否理解。例如，"我的解释清楚吗？""这样回答您的问题了吗？"

②这样通过有效地进行核对，就能决定客户定位的准确与否。例如，"这些服务您满意吗？""这能满足您的需求吗？"

③当客户还在沉默时，用开放式的问话进行核对，以便确认客户是否诚心。例如，"那您的看法怎样？"

④当在客户表示出成交的信号时，要及时地用行动进行核对，以便快速成交。例如，运用二选一或直接的确定法。

六、怎样通过看人进行茶叶推介

（1）我没想买，只是看看。其实这是一种托词，店员不必计较，当他看后有喜欢上的，看好就买，这一类顾客还是比较容易应对的。

（2）对你的介绍不理睬，看起来比较冷淡，持有怀疑心。其实他们在细心倾听，从店员的举动中估量对方是否真诚，可信度如何。这类客人喜欢审视别人，但判断大都正确，非常自信。店员不要胆怯，要自信，实打实地介绍，多进行推心置腹的情感交流，使对方产生共鸣。只要对方认可你，就会购买产品，这种人往往会成为回头客。

（3）年轻人。茶叶既是传统的，又是时尚的。通过交谈使他们佩服店员的文化底蕴和品位，从而对茶叶产生兴趣。通过宣传茶叶引起他们的好奇心，动员其购买。

（4）中年人。实在，有经验，无动于衷，对店员毫不在乎，也不重视推销的茶叶，不发一言，有时也会提出一些让店员难以解答的问题。店员千万不能蒙混过去，问题得不到合适的解释，他们不会购买。店员应用心在意，小心地为他解决问题。对茶叶进行说明时，要说得全面和完整。有时也可以沉默，等顾客提一些问题，再做解答。等其有购买的意愿时，再强调茶叶的优点，乘胜追击。

（5）对于一些木讷老实的客人，店员绝对不能欺骗他。只要一次购买后，认为对他有利或者觉得你坦诚，他会一直购买。但只要有一次欺骗了他，他会永远拒绝你的茶叶。

（6）对老年顾客，要以尊重为主，不要多说话，更不能抢话头，要全心倾听他们的话。他们觉得你诚实，对你产生好感，就可以了。

（7）文化素质比较高的群体，能够仔细分析店员的言行真诚与否，再决定是否购买。他们有时对店员很挑剔，爱审视人家，店员也许会感到压抑，但不要放弃。其实他们极易被说服，只要店员在销售上突出茶叶品种特色，他们很快会购买。他们内心最难忍受的是店员冰冷的精神面貌。

总之，店员要以言语打动人，让想买茶叶的人立即就买，让不想买的顾客做出买的决定。如果说话不到位，会适得其反的。有时要站在顾客的位置上说话，更能激发顾客的心理同感。

七、建立关系

茶品推介人员要树立在客户心目中的信任感，首先要有坦诚的态度，对客户的感受表示认同，对客户所面临的困境报以关切，并显示出积极的态度予以解决。茶品推介人员同客户交往过程中建立的关系，可以归纳为如下三种：

（1）业务关系

通过他人介绍等。在这样的情况下，茶品推介人员同客户只能建立业务关系。把工作重心放在及时的交易项目上。往往企业或门店对茶品推介业绩考评也是以成交率为主要指标（也就是销售额）。所以，茶品推介人员没有必要将时间花费在聊家常上。

（2）商务关系

茶品推介人员将那些成熟的、订量大并循环订量的客户定位成"商务伙伴"。双方的成长都依赖于对方的发展。在这种关系下，茶品推介人员往往扮演着"茶叶顾问"的角色。当双方熟悉以后，谈话可以轻松随意，不需要太过拘谨，当然礼貌还是要注意的。平时致电的频率也不需要太高，除非是处理具体的预订产品或包厢，否则每周一次的问候足矣，以免给客户造成受骚扰的感觉。

（3）个人关系

当客户同销售员之间成了朋友，那么客户就不再心存戒备，会同茶品推介人员畅所欲言。无论是长期大客户还是一次性消费的客户，都应该保持个人关系。行业中有很多促进销售的活动，例如，茶品推介人员通过电话拜访，了解到客户领导的生日，在他生日那天寄上了一份小礼物。这个活动很成功，为安排高层拜访打通了道路，许多客户领导都在繁忙的日程表中为我们的茶品推介人员留出了时间。在重点同大客户保持个人关系的同时，也应适当顾及那些小的客户，他们可以间接地给予我们帮助。

执行

案例分析一："良好的开场白，是销售成功的一半"

客人进门的第一句话应该如何说，才能引起客人注意？记住一定要这样说："您好，欢迎光临 XXX 专营店／专柜！"把你的品牌说出来，因为顾客可能是在商场瞎逛，可能路边的店有很多，他只是进来看看，不一定知道你家的品牌。当着顾客的面做广告，效果比平面、电视、网络上的效果要强很多倍！他可能今天不会买，但当他想买的时候，他的耳边会隐隐约约有个声音响起："XXX 专营店／专柜！"就会想到你。

第二句话，要如何才能把顾客吸引住，让他停留下来？那就给他一个留下来的理由！第二句话一般可以这么说："这是我们的新款！"人对新的东西都喜欢看看，这是人的本性，但最重要的是要用形象的方式把新款突出出来，才能有真正的吸引力！或者这么说，"我们这里正在搞买一送一的活动！"用活动来吸引顾客，顾客就感兴趣了！会注意听你讲话！

第三名话，直接介绍商品！"我来帮您介绍！"注意不要问顾客愿意不愿意！他既然已经被你吸引过来了，就是想了解，你如果问"愿不愿意""能不能够"反而让客人开始犹豫。

案例分析二：顾客说太贵了！我们怎么回答化解？

当顾客说太贵了的时候，一般营销人员会说，"先生，我给您便宜点吧！"顾客说的是太贵了，没说你能便宜点，所以你不能主动降价！

当顾客说太贵了的时候，我们要做的就是告诉顾客产品为什么这么贵。很多人会说："我们物超所值！一分价钱一分货！"说得很笼统，要么就是讲质量如何如何。其实讲商品要讲得全面，一个商品由很多东西构成，如质量、价格、材料、服务、促销、功能、款式、导购，甚至还有店的位置（离得近有问题可以直接来店里解决），我们讲商品的时候，就从这几个方面进行讲解，不可单一讲商品质量！

案例分析三："我认识你们老板，便宜点吧！"

很多营销人员说："你认识我们老板，那你给我们老板打个电话，我们老板白送给你都行。"如果这样做，你们老板就被你无情地出卖了。

其实顾客说认识你们老板，他就真的认识吗？99%的人不认识，最多跟你们老板有一面之缘，或泛泛之交。有人说，他要真认识怎么办？那么我们找认识的人买东西会怎么做呢？直接打电话过去："老张，我去你店里拿盒茶叶，你给优惠点。"提前就打好了招呼。

所以，对待不认识说认识你们老板的人，不要当面揭穿。我们做的是把面子给他，可以这么说："能接待我们老板的朋友，我很荣幸！"承认他是老板的朋友，并且感到荣幸，下面就开始转折了："只是，目前生意状况一般，你来我们店里买东西这件事，我一定告诉我们老板，让我们老板对你表示感谢！"这样就可以了。这里注意一点，转折词不能用"但是"，因为"但是"已经让人们反感透了，可换成"只是""同时""而且"。

案例分析四："你们卖东西的时候都说得好，哪个卖瓜的不说自己的瓜甜呢？"

首先认同顾客顾虑以使顾客获取心理安全感，进而使其对店员产生心理好感。然后再强调我们店铺长期经营的事实，以打消顾客的顾虑。比如回答说：小姐，您说的这种情况现在确实也存在，所以您有这种顾虑我完全可以理解。不过请您放心，我们店在这个地方开三年多了，我们的生意主要靠像您这样的老顾客支持，所以我们绝对不会拿自己的商业诚信去冒险。我相信我们一定会用可靠的质量来获得您的信任，这一点我很有信心，因为……

另外，可以借助顾客的话语，自信地说出我们"瓜甜"的事实，同时以轻松幽默的语调引导顾客体验我们的货品。比如回答：我能够理解您的想法，不过这一点请您放心，一是我们的"瓜"确实很甜，这很有信心；二是我是卖"瓜"的人，并且我已经在这个店卖了很多年的"瓜"了。如果"瓜"不甜，你还会回来找我的，我何必给自己找麻烦呢，您说是吧？当然，光我这个卖"瓜"的说瓜甜还不行，您自己亲自尝一下就知道了。"来，先生／女士，这边请！"

项目三 成交技巧

 知识准备

成交是销售的根本目的。而作为营销人员，需要保持心态的平衡，不要害怕客户的拒绝，才能够卓有成效地把握成功机会。

一般来说，成功的茶品推介中有 3～5 处时机可以使达成销售。在推介的过程中营销人员需努力地倾听与观察，即使当下客户说"不"，只要把握好时机，也可以获得更多的信息以便将来成交。那么怎样才能增加成交的机会呢？

做到以下三条：识别客户的购买信号；把握成交的适当时机；同时运用一些有效的成交技巧，最后拍板成交。

一、识别客户的购买信号

购买信号是指客户通过语言、行动、表情透露出来的购买意图。客户常常不会直接说出其产生的购买欲望，而是通过不自觉地表露态度和潜在想法，情不自禁地发出一定的购买信号。

1. 表情信号

表情信号是客户在交流过程中通过面部表情表现出来的成交信号。这是一种无声的语言，它能够表现客户的心情与感受，其表现形式微妙，具有迷惑性。例如，客户在听取推介人员介绍茶品时，表情专注如一，不断点头，或者面带微笑，兴高采烈等。这些表情信号说明客户正信任或接纳你的销售建议，应抓住时机，及时提出成交。

2. 语言信号

语言信号是客户在洽谈过程中通过语言表现出来的成交信号。这是成交信号中最直接、最明显的表现形式，销售人员最易于察觉。例如，当客户询问该款茶叶的细节或价格时，实际上已经发送出购买的信号。如果客户不想购买，一般情况下，客户是不会浪费时间询问细节与价格的。

当客户询问产品相关方面的一些问题并积极地讨论时，说明很可能有购买意向，这时营销人员一定要加以注意；而当客户询问付款细节，比如折扣、付款方式、积分、办卡条件等细节问题时要特别注意。

3. 行为信号

行为信号是客户在洽谈过程中通过其行为表现出来的成交信号。客户表现出的某些行为是受其思想支配的，是其心理活动的一种外在反映。例如，客户欲购买一款茶叶，在听完营销人员的展示介绍后，会不自觉地去走近观看、抚摸茶品，详细查看茶品的信息，这些行动已经明确地告诉销售人员其购买意向，营销人员应抓住时机，及时促成交易。见图 3-22。

图 3-22 介绍产品

二、把握成交的适当时机

通过耐心地倾听与观察，识别客户的购买信号以后，接下来就需要及时地把握成交的时机。那么，营销人员要怎样做才能有效地把握成交的时机呢？

（1）机不可失，失不再来。营销人员最基本的技能就是抓住成交机会。营销过程中，只有把握好时机，才能成功地获得成交，这就要求营销人员在捕捉到成交信号之时，主动出击，有针对性地说服客户，促成交易。

营销人员应切记，"机不可失，失不再来"。在与客户交谈时，客户的思绪此起彼伏，变化随时都在发生，不是每个变化都是成交的最佳时机。即使客户成交信号发出之后，也应该选择最有利于成交的洽谈时机，提出成交要求。

如果推介人员错过了某个交易时机，不要依依不舍，而要当机立断，耐心等待下一个机会，千万不可急于求成，误解当机立断的含义，导致欲速而不达。

（2）没有最佳的成交机会，只有适当的成交机会。什么时间才是成交的最好时机呢？当客户对产品有兴趣之时，茶品推介人员只要发现客户的成交信号，就要立即尝试着进行成交，迅速地帮助顾客做出购买决定，随时成交，不要犹豫不定。

（3）推销失败的原因。据统计，有70%的营销人员正是因为未能及时提出成交的要求，从而失去了难得的成交机会。营销人员要求客户下订单时，迟疑不决也会造成推销的失败。成交本身应该是一个高潮，就像看一部电影，导演总是花费很多心血去设计情节，不停地做铺垫，从而使结尾处能成功地达到一个高潮。见图3-23。

图3-23 适时沟通

三、掌握有效的成交技巧

了解客户的购买信号之后，营销人员就要不失时机地运用技巧来询问客户的购买意向，在销售中巧妙地安排成交的过程。

1. 直接成交

直接成交是一种直截了当的成交方式。在这种情况下，营销人员获得肯定与否定的概率都是50%，如果营销人员使用恰当的措辞会有助于成交。例如，"王总，这款茶叶，不管是口感、价位还是包装都符合您的要求，马上给您包装起来，您看行吗？"

2. 假设成交

假设成交法也可以称之为假定成交法，是指推介人员在假定客户已经接受销售建议，同意购买的基础上，通过提出一些具体的成交问题，直接要求客户购买销售品的一种方法。

日本丰田公司曾经这样培训加油站的员工，即要求员工走到客户身边开口便问："给您装满 X 牌汽油还是 Y 牌汽油？"

因为客户并没有说要加满汽油，因此，"我给您装满 X 牌汽油还是 Y 牌汽油"这句话中含有两个假设：首先是装满；其次是问客户需要两种品牌中的哪一种。加油站的员工问话是以假定客户决定购买为前提的，无论客户回答选择哪一种，都表示客户已经决定购买。假定成交法的主要优点是可以节省时间，提高销售效率，可以解除客户左右不定的负担，对攻击性不强的客户很有效。但如果遇见了攻击性强的客户可能就不太奏效。

3. 刺激成交

在推荐的过程中，推介人员可以把客户最感兴趣，或能促进其决定购买的优点暂时保留一二项，等到时机成熟时才向客户表明，这样做有利于刺激促进客户的决定购买意志。例如，"王总，这款茶叶各方面都满足您的需求，刚好我们今天有做活动，可以买满 2000 送您一套精美的茶具，非常实惠。"

尽管营销人员可以采用多种技巧与客户进行沟通，但是并不存在一种万能的成交方式。因为客户是千差万别的，不一定每位客户都会发出清晰的购买信号。营销人员只要能真正识别客户的购买信号，把握好成交的时机，运用恰当的成交技巧，成功的机会将会大大增加。

执行

任务一 成交技巧执行

▸ **Step 1 在不能了解客户的真实意图时，尽量让客户说话，并学会倾听**

多问一些问题，带着一种好奇的心态，发挥刨根问底的精神，让客户多发发牢骚；多提提问题，引出客户的真实意图，了解客户的真实需求。

注意：在自己问客户问题的时候，也要记住客户的回答。

▲ Step 2 感同客户的感受

当客户说完后，不要直接回答问题，要感性回避，比如说我同意您……这样可以降低客户的戒备心理，让客户感觉到你是和他站在同一个起跑线上。最简单的做法就是回答：恩，是的，我觉得很有道理。

▲ Step 3 把握关键问题，让客户具体阐述

"复述"一下客户的具体异议，详细了解客户需求，让客户在关键问题处尽量详细地说明原因。

▲ Step 4 确认客户问题，并且重复回答客户疑问

你要做的是重复你所听到的话，这个叫作先跟——了解并且跟从客户和自己相互认同的部分，这个是最终成交的通道，因为这样做可以了解你的客户是否知道你的产品的益处，这为你引导客户走向最后的成功奠定基础。

▲ Step 5 让客户了解自己异议背后的真正动机

当客户看到了背后的动机，推介就可以从此处入手。想到并且说出客户需要的价值，那么彼此之间的隔阂就会消除。只有这样才能和客户建立起真正的相互信任的关系。

案例

一位陌生客人，进店问新茶有没有上市。推介人员："新茶还没有采摘，要到月底哦，店里的茶也不错，您一般喜欢嫩一点的芽头茶，还是喜欢滋味浓一点耐泡一些的茶呢？"

客人表示要"滋味浓一些的"，推介人员便帮客户挑选了一款滋味浓一些的古丈毛尖，讲解其特色之后，打算为其试泡，客人则说"不用、不用"，只

要价格实惠些就好。

推介人员说："茶买回去自己喝的，您一定要亲自感受一下，更何况您是第一次来我家店，就多了解一下吧。"

随后，推介人员开始泡茶，让客户感受茶的香气，欣赏茶叶展开后的外形。客户满意，就问价格，推介人员告知其 900 元一斤。客人非常自然地问起能否优惠一些，推介人员则是先问其需要多少。

客人明确表示要一斤，推介人员考虑到其第一次来店，就非常爽气地额外赠送了二两，客人当时就非常开心。

包好茶叶，推介人员又顺便包了些明前芽头茶给客人尝尝，希望客人以后有时间常来店里坐坐，喝喝茶。这时，客人觉得收获超出了期望，更加开心，加了推介人员的微信，以期第一时间获知新茶上市，及时再来购买新茶。

案例分析：

关键时刻一：客人问有没有新茶上市的时候。

这时，很容易回答"没有"，然后就没有后话了。但是，推介人员在客人可买可不买的时候，提出"店里的茶也不错"，并问："您一般喜欢嫩一点的芽头茶，还是喜欢滋味浓一点耐泡一些的茶呢？"

这就挖掘出客人潜藏的需求：买茶！买茶，不等于"买新茶"！也就是说，只要是茶叶合适，态度合适，还是有可能买茶的。

很多时候，很多事都很难尽如人意，我们都要找到"退而求其次"的办法。若是营销人员明白这一点，不仅可以解决客人的问题，也能够顺带为自己带来销售业绩。

关键时刻二：客人问能否优惠的时候。

价格问题是出现频率最多的成交的机会点，成交的时机最经常出现的就是价格问题。直接赠送了二两古丈毛尖，这个幅度还算是合适的。推介人员所处的综合环境，这种沟通直截了当，客人喜欢，效率挺高。

关键时刻三：又给客人赠送了"芽头茶"。

客人不一定有时间在店里喝"芽头茶"，但回家总能找到时间尝一尝，尽管他喜欢"耐泡一些的"。

如果客人觉得"芽头茶"不错，未来送礼时，就有可能选购这一种。毕竟，我们都有个习惯，自己节省些没关系，送礼的时候总喜欢选择"好点的"，这样才算是有面子。

关键时刻四：客人加了微信。

这一点，我们都很清楚，很多时候，我们不想留下任何信息。买东西就是买东西，搞那么复杂干吗？但，有时候，我们也会留，这不仅和产品有关，还和现场销售人员有关。

项目四 > 客情维护

知识准备

　　客情维护，即客情维系，指推销人员通过一定的途径与其顾客之间建立并保持良好的关系。客情维系包括双方利益关系和感情关系的维系，它是售后服务追求的目标。在成交后，后续贴心的客情维护有利于客户优化对企业的认知、提升对企业品牌的忠诚度。这不仅有利于往后的复购，还能介绍商机。客情维护的好坏，直接影响到客户及其关系群体的消费决策。产品、服务提供者整体的客情关系好坏，直接影响企业的营销结果。因此，建立和维持良好的客情关系，是销售人员必备的素质之一。见图3-24。

图 3-24　专业的服务

　　作为一名新业务员，有无数的营销案例告诉我们，必须树立一个观念，那就是：老客户是你最好的客户。获得一个新客户的成本，是维护老客户成本的5-8倍。建立良好的客情关系是成功销售的开始。而更重要的是，在建立起这种关系之后，要尽心竭力去维护和维持这种关系，使之成为你的长期甚至是终生客户。

一、客情维护的意义

1. 从现有顾客中获取更多顾客份额

忠诚的顾客愿意更多地购买企业的产品和服务，忠诚顾客的消费，其支出是随意消费支出的 2～4 倍。而且，随着忠诚顾客年龄的增长、经济收入的提高或顾客单位本身业务的增长，其需求量也将进一步增长。

2. 减少销售成本

企业吸引新顾客需要大量的费用，如各种广告投入、促销费用以及了解顾客的时间成本等，但维持与现有顾客长期关系的成本却是逐年递减的。虽然在建立关系的早期，顾客可能会对企业提供的产品或服务有较多问题，需要企业进行一定的投入。但随着双方关系的进展，顾客对企业的产品或服务越来越熟悉，企业也十分清楚顾客的特殊需求，所需的关系维护费用就变得十分有限了。

3. 口碑宣传

对于企业提供的某些较为复杂的产品或服务，新顾客在做决策时会感觉有较大的风险，这时他们往往会咨询企业的现有顾客。而具有较高满意度和忠诚度的老顾客的建议往往具有决定作用，他们的有力推荐往往比各种形式的广告更为奏效。这样，企业既节省了吸引新顾客的销售成本，又增加了销售收入，也增加了利润。

4. 员工忠诚度的提高

这是顾客关系营销的间接效果。如果一个企业拥有相当数量的稳定顾客群，也会使企业与员工形成长期和谐的关系。在为那些满意和忠诚的顾客提供服务的过程中，员工体会到自身价值的实现，而员工满意度的提高必然会导致企业服务质量的提高，使顾客满意度进一步提升，形成一个良性循环。

二、客情维护的核心

（1）信守承诺

即对买家负责，茶品推介除了产品本身，更多的是服务，要有责任、有担当，让买家买得放心才是关键。

（2）沟通

有效沟通，体现关怀，如称呼或者聊天过程中营造的轻松愉悦的氛围，打电话时以"嘘寒问暖、悉心关怀"为主要内容，弱化"工作氛围"，强化"感情印象"，都是很重要的。

（3）专业

直接找到买家的需求点去延伸和拓展，在不损失公司利益的前提下，把握好客户的利益的根本，展现出自己作为茶品推介人员的专业性，让买家知道，来我这里购买我可以给你最专业的引导和服务。

（4）感恩

节庆假日里的一些小礼物往往可以较大程度上拉近与买家的距离。除了物质恩惠，还有一个不可或缺的，就是精神恩惠，如美好的祝愿、时常的关心或有保障的承诺。

三、客情维护的方法

1. 细分客户，积极满足需求

（1）特殊顾客特殊对待。根据 80/20 原则，公司利润的 80% 是由 20% 的客户创造的，并不是所有的客户对企业都具有同样的价值，有的客户对于企业具有更长期的战略意义。所以，善于经营的企业要根据客户本身的价值和利润率来细分客户，并密切关注高价值的客户，保证他们可以获得应得的特殊服务和待遇，使他们成为企业的忠诚客户。

（2）提供系统化解决方案。不仅仅停留在向客户推介茶品层面上，要主动为他们量身定做一套适合的系统化解决方案，在更广范围内关心和支持顾客发展，增强顾客的购买力，扩大其购买规模，或者和顾客共同探讨新的消费途径和消费方式，创造和推动新的需求。

2. 确保服务质量始终如一

与客户交往时，感情沟通与投资是必要的。感情的亲近与否和好坏与否，甚至可能直接影响业务人员的业绩。和客户交往时，情感尺度的把握原则是：亲近而不亲密，依靠而不依赖。

除此之外，我们需要记住，服务一定要始终如一。当你能够一直服务于客户，始终如一的时候，就能够让客户感受到你对他的重视；反之，懈怠了则会让客户觉得你"变心"了，你已经不再重视他，合作关系便会破裂。所以，一定要努力维持好服务关系。

图 3-25 细心服务

3. 让客户感动于你的细心服务

我们能够被感动，通常是对方做出了大多数人做不出来或者很少去做的事情，记住细节就是如此。大多数的业务觉得与客户只是贸易关系，维持好贸易过程就好。但其实，我们需要与客户做朋友，而且不是一般的朋友，是那种你能够参与他的生活，并且为他的生活提出意见的朋友。

当你能够清晰地叫出客户每一个家人的名字，并且能够描述一下他们的爱好的时候，客户肯定会感动的，感动于你能够做到他朋友都不一定能够做到的事情。一个能够打动客户的关怀，要胜过你长年累月的开发。

4. 让客户知道你为他做过什么

很多事情客户会觉得你做了是理所当然的，或者客户根本不知道在某件事情之后有你的努力，只会认为这件事情本身理所当然。我们生活中常见这种情况。朋友之间可以不用太在乎，日久见人心，但是客户与我们之间却不行。我们是要处成朋友关系，但是在我们还未成为真正的朋友关系之前，我们需要让客户知道我们付出过什么，才是我们能够与客户的感情快速升温的方法。

理财经理与客户之间的感情是谈不上深刻的，所以我们一定要让客户知道我们的付出，比如在帮客户处理某些贸易过程当中的纠纷时，先跟客户沟通一下，告诉对方不用担心，我们正在处理，而且会处理好问题，明确告诉客户我们在做的努力和工作。

5. 当面交流是提升感情的好方法

千万不要担心什么"见光死",客户不是在找对象,对你没有那么高的期望。你在线上与他沟通半年可能还抵不上一次见面的交流。因为当面交流显得更真实,印象更加深刻。从前在线上他可能最多只看过你的照片和文字,听过一点电流传达的声音。而你面对面跟他坐在一起的时候,他能清晰地感受到你的魅力。

6. 定制礼品送客户,提升好感度

我们经常讲要给客户送礼物,但是送礼物这个事情也是需要用心的,并不是随随便便挑一个就行,"礼轻情义重",最好是能够根据客户的喜好来定制。尤其是在节日方面,更是可以根据节日文化来定制,让客户能够体会到你的用心,最大限度地提升礼物的价值。

四、使用维护工具

(1)周期性情感电话拜访:做好售后的反馈收集。

(2)重大节日祝福:可以在送上祝福的同时配合上活动,先祝福再营销,尽量多点人情味。

(3)重大营销事件活动通知:及时告知客户相关重大营销活动,如店庆,或者某些重大营销时间点(双十一)等。

(4)个人客情维护:重要的可以单独去维护。

(5)交流集会:如果有能力的话,可以组织一些线下的交流活动,不过成本比较高。

执行

任务一　客情维护执行

✎ Step 1 客户分类管理

如前所述,根据客户本身的价值和利润率细分客户,进行建档管理,并密切关注高价值的客户,记录他们喜欢的茶品,习惯性的泡饮方式,以及生

日等相关信息。保证他们可以获得应得的有尊荣感服务和待遇，使他们成为企业的忠诚客户。

✦ Step 2 了解客户的喜好

不同的客户的消费需求不一样，性情与喜好不一，对茶产品的理解也有区别。维护客情，比较高明的方法是从客人的喜好入手。例如，有的喜好喝乌龙茶，有的爱绿茶，有的爱红茶，有的喜欢收藏茶品。有针对性地沟通，更好地实现有效维护。比如你的重要客户中有喜欢收藏黑茶的，那么经常提供黑茶藏品信息或知识，不仅能增进相互的了解，也能更好地建立起客人对你的信赖。

✦ Step 3 相互需求，长期维护

根据客户情况，制订维护方案，一定要注意形成一种相互需要的关系，意思是不仅仅是我们对客户有求，应该努力让客户对我们也有需要，也需要我们的帮助，这样的客情关系才趋于稳定。坚持长期维护，渐见日久弥坚的效果。

案例

某知名茶品牌销售员李先生跟×××集团对应采购王经理的客情关系是不是稳固，非常影响销量。李先生了解到王经理非常忙，一个人对应20多个供应商。李先生想，如果王经理把心思多关注在自己的身上，对销量的增长是非常有帮助的。如果王经理只是公事公办，也不另外倾注精力，想提升销量可能性不大。

当时李先生在长沙，王经理也在长沙，而另一个最大的竞争供应商远在浙江。李先生利用地利之优，并通过多方面打听，知道他喜欢下棋和运动，于是李先生并没有采取常见的请客吃饭送礼物的方式，而是直接多次邀请一起游泳、打球，有时双方都带上家人，经常去运动，偶尔还安排棋友一起下下棋。他们很快就成为朋友。在谈工作的时候，沟通上也非常顺利。

后来王经理去了另一家集团公司，公司在选购茶产品时，王经理也优先考虑李先生提供的产品，因为根据以往的交情，合作一定会非常愉快。

案例分析：

关键一：由工作关系转化为朋友关系。

努力跟客户由业务关系转化为朋友关系。以上案例中，李先生跟王经理的交往，力求朝着朋友的方向发展，真心地对待人家，成功地将客户变成了朋友，因此，沟通变得轻松，比之前的单纯工作关系式的相处好了很多。

关键二：拉平拉近而非一味地把客户捧高。

你想跟客户成为朋友关系，就不能过高地捧客户，可能越捧你们的关系越远，越难以成为朋友。而要拉平你们的关系，拉近你们的关系。简单点说，你尽量多做一些能够拉平拉近你们关系的交流，比如一起喝茶、一起打球之类的互动；而不是一味地请吃饭、送礼物，或者只是纯粹地谈生意，没有任何交情可言，只能把关系越拉越远，不利于成为朋友关系。

参 考 文 献

[1] 汤鸣绍 . 中国白茶的起源、品质成分与保健功效 [J]. 福建茶叶，2015，37(02)：45-50.

[2] 郑思梦，赵峥山，武慧慧，赵雪丽，卢鑫 . 白茶药理作用及保健功效研究进展 [J]. 粮食与油脂，
     2020，33(03)：16-18.

[3] 朱海燕 . 在家泡茶 我的雅致茶生活 [M]. 北京：北京美术摄影出版社 .2019.

[4] 朱海燕 . 选茶有方 喝茶有道 [M]. 江西：江西科学技术出版社 .2018.

[5] 陈文华，余悦 . 茶艺师（初级技能 中级技能 高级技能）[M]. 北京：中国劳动社会保障出版社，
     2004.

[6] 朱海燕，肖蕾 . 零基础茶艺入门 [M] 黑龙江：黑龙江科学技术出版社 .2018.

[7] 肖正广，朱砚文，张修乐 . 茉莉花茶发展源流探研 [J]. 茶叶通讯，2021,48(01):173-176.

[8] 陈荣冰 . 茉莉花茶的花香茶韵 [J]. 茶道，2020(07):91-92.

[9] GB_T 23776-2018 茶叶感官审评方法